Der

Weisstannenkrebs.

Von

Dr. Carl Robert Heck,
k. Oberförster in Adelberg (Württemberg).

Mit 10 Holzschnitten, 11 graphischen Darstellungen, 9 Tabellen und 10 Lichtdrucktafeln.

Springer-Verlag Berlin Heidelberg GmbH
1894.

ISBN 978-3-642-89811-2 ISBN 978-3-642-91668-7 (eBook)
DOI 10.1007/978-3-642-91668-7

Buchdruckerei von Gustav Schade (Otto Francke) in Berlin N.

Softcover reprint of the hardcover 1st edition 1894

Seinem hochverehrten väterlichen Freund

Herrn

Dr. Julius Lehr

Professor an der Universität München

in Dankbarkeit

gewidmet

vom

Verfasser.

Vorwort.

Die vorliegende Arbeit verdankt ihre Entstehung der zweiten Aufnahme (z. Th. auch Neuanlage) von 42 Weisstannenversuchsflächen in den verschiedensten Gegenden von Württemberg und Hohenzollern, welche ich als Assistent der Forstlichen Versuchsanstalt[1]) zu Tübingen im Sommer 1890 auszuführen hatte. Jene Aufnahmen erstreckten sich zwar auf 49 Flächen[2]), da ich jedoch bei Beginn derselben als Neuling in das Versuchswesen eintrat, so hatte ich mich zuerst in diesem heimisch zu machen. Hiebei zeigte sich jedoch bald, dass eine Untersuchung über die Verbreitung und Vertheilung des so wichtigen Weisstannenkrebses im Gesammtbestand sich mit Leichtigkeit und ohne Beeinträchtigung der Hauptarbeit gleichzeitig ausführen lasse. So wurde denn von der achten Fläche an nicht nur die Anzahl der Krebsstämme im bleibenden Hauptbestand und ausscheidenden Nebenbestand im Aufnahmeverzeichniss eingetragen, sondern auch jedesmal der zugehörige Brusthöhendurchmesser. Eine besondere Stellung nehmen die 4 Versuchsflächen im Lindenwald bei Hechingen ein. Dieselben wurden schon vor meinem Amtsantritt durchforstet und zwar auf Wunsch der Forstverwaltung Hechingen ganz schwach, so dass $^1/_2$ Jahr später nur noch der bleibende Hauptbestand von mir aufzunehmen war. Eben diese Versuchsbestände sind aber in Folge davon mit den übrigen, in welchen ich nach Massgabe des Arbeitsplanes die Durchforstungen selbst auszeichnete, nur theilweise vergleichbar.

---

[1]) Die kgl. württemb. forstliche Versuchsanstalt zu Tübingen nennt sich z. Z., im Gegensatz zu allen andern deutschen forstlichen Versuchsanstalten, „Versuchs*station*“; ich ziehe, wie überall, das gute deutsche Wort: „Anstalt“ der „Station“ vor.

[2]) Mein Amtsvorgänger Dr. Speidel hatte bereits 15 Tannenflächen aufgenommen.

Der Weisstannenkrebs war mir übrigens schon vor diesen Aufnahmen eine wohlbekannte Erscheinung, denn ich war als Revieramtsassistent 1883/84 in dem jetzt von mir verwalteten Revier Adelberg auf dem Schurwald thätig, das zu über $^1/_3$ aus gemischten, z. Th. auch reinen Weisstannenbeständen besteht[1]) und 1884/86 in dem grössten württembergischen Revier Herrenalb (Schwarzwald), in welchem die Weisstanne durchaus die Hauptholzart in meist annähernd reinen Beständen bildet. Hier bot sich reichlich Gelegenheit, die Krebskrankheit zu beobachten, und ich habe in jener Zeit manches Hundert Krebsstämme bei den Durchforstungen ausgezeichnet und bei den Stammholzaufnahmen dem „Ausschuss" zugewiesen, soweit nicht die Krebshölzer in den „Anbruch" zu werfen waren. Auch späterhin fand ich vom Forstamt Wildberg (im Schwarzwald) aus noch oft Veranlassung zu weiteren Beobachtungen.

So war denn jene Aufnahme der Weisstannenversuchsflächen eine willkommene Gelegenheit, der längst ins Auge gefassten, planmässigen Untersuchung des Weisstannenkrebses näher zu treten. Diese ist wohl nur bei den auf bestimmte, verhältnissmässig kleine, Flächen der verschiedensten Wirthschaftsgebiete sich stützenden Versuchsarbeiten möglich, denn man kommt in der täglichen Ausübung des forstlichen Berufs theils aus Mangel an Zeit und Hilfskräften[2]) u. dgl. über eine gewisse Oberflächlichkeit und Aeusserlichkeit der Beobachtung selten hinaus und die örtliche Gebundenheit lässt allgemeine Schlüsse kaum zu. Zu erwähnen ist noch, dass ich zur Zeit jener Versuchsarbeiten von der Literatur über den Krebs nur das kannte, was Robert Hartig in seinem Lehrbuch der Baumkrankheiten[3]) über denselben mittheilt. So war mir namentlich die grundlegende Untersuchung de Bary's in der wenig zugänglichen „Botanischen Zeitung"[4]) nicht näher bekannt. Es ist mir in Folge dessen vielleicht Manches entgangen, auf das ich sonst mehr geachtet hätte, dagegen war die Selbstständigkeit der Forschung wohl auch nicht ohne Nutzen.

---

[1]) Das Revier Adelberg umfasst 2485 ha Staatswald und 168 ha Wald von 8 öffentlichen Körperschaften.

[2]) Hier namentlich zum Zersägen der Krebsscheiben.

[3]) a. a. O. 1. Auflage S. 69.

[4]) a. a. O. Jahrgang 1867, No. 33, S. 257—264.

Im Laufe der Arbeit ergab sich, dass neben der physikalischen und mikroskopischen Untersuchung auch die chemische dringend nöthig erschien. Denn die auffällige Wachsthumssteigerung des Krebsholzes, die augenscheinlich auf Kosten des umgebenden gesunden Holzes erfolgt, kann vermuthlich nicht ohne einschneidende chemische Vorgänge sich vollziehen. So war ich sehr erfreut, als eine so bewährte Kraft, wie Herr Professor Dr. Seubert in Tübingen, diesen Theil der Arbeit übernahm und seine Untersuchung in §. 29—32, Seite 65—74 dieser Schrift niederlegte.

Zum Dank verpflichtet bin ich Herrn Professor Dr. Vöchting in Tübingen, mit dessen gütiger Erlaubniss ich im Frühjahr 1891 einige Zeit im botanischen Institut zu Tübingen arbeitete, namentlich aber den Herren Privatdocenten der Botanik, Dr. Zimmermann in Tübingen und Dr. Rosen (jetzt in Breslau). Letzterer unterwies mich in der Anfertigung von Mikrotom(schnitt)en; unter der Anleitung von Herrn Dr. Zimmermann führte ich, die früher bei Robert Hartig erworbene Uebung mit dem Mikroskop wieder auffrischend, einige kleine Untersuchungen aus.

Sodann hat Herr Professor Dr. Kirchner in Hohenheim mir den im Jahre 1880 durch Vermittlung der K. Forstdirection von den Forst- und Revierämtern eingezogenen Beobachtungsstoff über den Weisstannenkrebs in entgegenkommendster Weise 1892 ganz übergeben, worauf auch die genannte Behörde die Ermächtigung zur Veröffentlichung dieser Beobachtungen mir bereitwilligst ertheilte.

Endlich hatte, last not least, Herr Professor Dr. Lorey, unter dessen Oberleitung ich arbeitete, die Güte, mir alle bezüglichen Acten zur Benutzung vollständig zu überlassen, wofür ich hiermit meinen herzlichen Dank ausspreche.

Zu Anfang des Jahres 1892 fiel mir der im Maiheft von 1891 der Danckelmann'schen Zeitschrift für Forst- und Jagdwesen erschienene Aufsatz von Forstmeister Koch in Colmar über Tannenkrebs und Hexenbesen in die Hand, der mir s. Z. aus besonderen Gründen entgangen war. Drei Wochen später erschien in den neuen „Mündener Forstlichen Heften"[1]) die eingehende Abhandlung von Oberforstmeister Weise „Zur Kenntniss des Weisstannen-

[1]) a. a. O. S. 1—31.

krebses“. Auf dies hin hatte ich mir die Frage vorzulegen, ob überhaupt noch ein Bedürfniss zur Veröffentlichung meiner Arbeit vorliege. Ich glaubte, dieselbe bejahen zu dürfen. Denn es erschien einerseits wohl der Mühe werth, zusammenzustellen, was bis zur neuesten Zeit über den Weisstannenkrebs bekannt geworden war, zum andern vermochte ich wesentlich Neues zu bieten. Die Mehrzahl meiner Krebsabbildungen war durch Hof-Photograph Hornung in Tübingen bereits hergestellt und gerade auf zahlreiche gute Abbildungen glaube ich bei den noch vielfach verbreiteten mangelhaften Ansichten über den Jugendzustand und die Wachsthumsvorgänge des Stammkrebses besonderen Werth legen zu müssen.

Die „Hexenbesen“ in den Lichtdrucktafeln erscheinen, mit Ausnahme von Tafel III Figur 6 b und Figur 7, im Winterkleid, das übrigens den Vorzug hat, dass sich die kranken von den gesunden Zweigen (abgesehen von der Zeit des Ausbruchs der Hexenbesennadeln bis zum Stäuben der gelben Sporen) viel schärfer abheben. Der Donnerbusch Figur 7 wurde Ende Juni, der in Figur 6 b Ende Juli 1890 von mir nach Tübingen gesandt, beide mit bereits verstäubten Sporen; die photographische Aufnahme konnte jedoch erst im Januar 1892 erfolgen, wo die Mehrzahl der sommergrünen Hexenbesennadeln abgefallen war.

Durch die Vollendung meiner im Jahrgang 1892 der württemb. Jahrbücher erschienenen Abhandlung über die Hagelverhältnisse Württembergs von 1828—1890, sodann durch die Uebernahme des Reviers Adelberg im Juli 1892 und Einarbeiten in dessen Verwaltung, namentlich aber durch den Geschäftsdrang in Folge der vorjährigen Futter- und Streunoth der hiesigen stark bevölkerten Gegend verzögerte sich der Abschluss dieser Schrift erheblich. In Folge der Erfahrungen, die ich aber im Laufe fast zweijähriger Bewirthschaftung meines schönen Reviers und namentlich der Reinigung und Durchforstung grösserer reiner und gemischter Tannenbestände zu machen Gelegenheit hatte, ist, wie ich hoffe, diese Verzögerung der Fertigstellung gegenwärtiger Schrift derselben nicht zum Nachtheil geworden.

Kloster Adelberg, den 9. Mai 1894.

Der Verfasser.

Inhalts-Verzeichniss.

III. Abschnitt.

§. 46. Die Bekämpfung des Weisstannenkrebses.

Einleitung.

Der Rindenkrebs der Weisstanne ist der schlimmste Feind dieser edlen Holzart.

Es giebt wohl manche Baumkrankheit, die unter Umständen verheerender auftreten mag, wie z. B. der Lärchenkrebs oder die durch Trametes radiciperda verursachte Rothfäule, welche manche Bestandstheile oder ganze Bestände zu Grunde richtet. Kaum eine andere Baumkrankheit verfolgt jedoch ihr Opfer so regelmässig und zugleich in verhältnissmässig solch bedeutender Ausdehnung, als der Tannenkrebs.

In den letzten paar Jahren hatte ich Gelegenheit, denselben nicht nur in reinen und gemischten Beständen, sondern auch bei völlig vereinzeltem Vorkommen der Weisstanne in folgenden Gegenden zu beobachten: in Württemberg vom ganzen Schwarzwald bis zur schwäbischen Alb, und von Oberschwaben bis zum Ellwanger Wald; in Baden im gesammten Schwarzwald; in Baiern von Einödsbach, am Fuss der Mädelegabel, bis Reichenhall (Staatswald Strailach); in Oesterreich von der Ortlerkette bis zu den Tauern und dem Salzkammergut; in der Schweiz: im Norden und Osten des Landes[1]), sodann im Berner Oberland und in der Umgebung des Bieler[2]) und Genfer Sees[3]) und zwar überall stark verbreitet. Finden sich auch zuweilen einzelne Stellen im Bestande, wo derselbe wenig zu treffen ist, so begegnet man oft in nächster Nähe derselben, namentlich in Stangen- und Althölzern, dieser verderblichen Krankheit um so häufiger.

[1]) Leicht zu beobachten ist derselbe u. A. an der Strecke von Rorschach nach Heiden.

[2]) bei Magglingen.

[3]) Auf dem Mont Vuarat.

Auch in den Vogesen ist der Weisstannenkrebs eine gefürchtete Erscheinung[1]) und die Wirthschaft daselbst hat neuerdings zu demselben entschiedene Stellung genommen[2]).

de Bary spricht von dem Krebs als einer „überaus häufigen Erkrankung in den Weisstannenbeständen am Schwarzwald und überall in Deutschland, wo die Weisstanne grössere Waldungen bilde". Auch Robert Hartig lässt den Tannenkrebs „überall da in Deutschland beobachten, wo die Weisstanne in Beständen auftritt". Nach meinen Wahrnehmungen indess beschränkt sich der Krebs nicht nur auf das Vorkommen in ganzen Tannenbeständen oder grösseren Tannenwaldungen, sondern es steht ganz ausser Zweifel, dass die Tanne auch in noch so vereinzeltem Stande vom Krebs häufig erreicht zu werden pflegt. Unter zahlreichen Belegen hierfür will ich nur einige wenige besonders auffällige hervorheben. Auf der Hochfläche der Rauhen Alb 800 m über Meer bei St. Johann befinden sich eine halbe Stunde von einander entfernt zwei kleine Horste von 40 — 70 jährigen Weisstannen. Ausser ihnen steht in diesem ausgesprochenen, hauptsächlich von der Buche beherrschten, Laubholzgebiet jedoch im Umkreis von 3—4 Stunden, wie mir versichert wurde[3]), keine andere Weisstanne. In beiden Horsten fand sich der Krebs an Stämmen und Aesten. An der Strasse von Hildrizhausen im Schönbuch nach Herrenberg, 400 m über Meer, befindet sich eine etwa 50 jährige Tanne, die ebenfalls auf mehrere Stunden von jeder anderen Tanne abgeschnitten ist. Auch diese ist von der Krankheit ergriffen. Auf dem Wege von Zell am See zur Schmittenhöhe endlich fand ich in einer Meereshöhe von beiläufig 1200 m, dass von den ganz seltenen hier im Fichtenbestand zerstreuten Tannen mehrere den Krebs beherbergten. Diese Beispiele liessen sich beliebig vermehren.

So lässt sich wohl mit Recht behaupten, dass der Krebs überall

---

[1]) Vgl. „Die Weisstanne auf dem Vogesensandstein" vom kaiserl. Oberförster E. Dressler. Strassburg 1880, S. 39.

[2]) „Wirthschaftsregeln für die mit Tannen bestockten oder auf Tanne zu bewirthschaftenden Waldungen der elsass-lothringischen Vogesen und des Jura." Strassburg 1892, S. 38.

[3]) Am Uracher Wasserfall, 1 Stunde von St. Johann entfernt, fand ich 1892 drei 20—40 jährige Tannen als Zierbäume, die aber weder Hexenbesen noch Krebs besassen.

zu finden ist, wo die Weisstanne, sei es in reinen oder gemischten Beständen oder völlig vereinzelt, auftritt. Das Verbreitungsgebiet des Krebses würde demnach ein sehr bedeutendes sein und sich von den Pyrenäen bis zum Kaukasus und von Korsika bis zu den Karpaten erstrecken.

Es ist aber nicht allein unsere heimische Weisstanne, Abies pectinata D. C., auf welcher der Krebs vorkommt, derselbe wurde vielmehr auch schon in Sibirien auf Abies Pichta Fisch. von Martianoff und auf Abies balsamea Poir. bei New-York von Ch. H. Peck gefunden[1]). Sodann entdeckte ich selbst je einen Hexenbesen nebst Krebsbeule im Frühjahr 1886 auf Abies Nordmanniana und cefalonica im Forstgarten bei Herrenalb, wo sich eine schöne Auslese bis zu 10 m hoher ausländischer Nadelhölzer auf Buntsandstein besten Gedeihens erfreut. Mein hochverehrter Lehrer, Robert Hartig, dem ich damals die beiden angesteckten Zweige übersandte, schrieb mir darauf am 8. Juni 1886: „Zu Ihrer Zusendung bemerke ich, dass die beiden Hexenbesen mich in hohem Grade interessiren, weil das Vorkommen von Aecidium elatinum bisher lediglich auf der Abies pectinata bekannt war. Sowohl der Zweig von Abies Nordmanniana, als auch der von Abies cefalonica werden werthvolle Objekte meiner Sammlung bilden." Diesen Nachweis hat Robert Hartig in einem Aufsatz über „die krebsartigen Erkrankungen der Pflanzen" auf S. 122 der Allgemeinen Forst- und Jagdzeitung von 1889 verwerthet, ebenso auf S. 285 der 2. Auflage seiner „Baumkrankheiten", scheint sich jedoch in beiden Fällen des Einsenders der Hexenbesen nicht mehr erinnert zu haben. Im Februar 1893 fand ich den Hexenbesen nun auch auf Abies Pinsapo und zwar gleich 9 Stücke davon, von Faustgrösse bis zu $^1/_2$ m Höhe und Breite am Fuss des Schlosses Wimmis und des Niesen am Thuner See.

Der Krebs ist jetzt somit für 6 Tannenarten sicher nachgewiesen. Es gelang mir zwar bis jetzt nicht, im botanischen Garten zu Tübingen und an anderen Orten den Krebs auch an weiteren ausländischen Nadelhölzern aufzufinden; allein es erscheint keines-

[1]) „Die Blasenrostpilze der Koniferen". Monographie der Gattung Peridermium elatinum von F. v. Thümen in v. Seckendorff's „Mittheilungen aus dem Forstlichen Versuchswesen Oesterreichs". 2. Band. Wien 1881, S. 318.

wegs ausgeschlossen, dass er auch auf noch anderen Tannenarten nachgewiesen wird.

Im April 1892 fand ich im Garten von Herrn Professor Graner in Tübingen einen einjährigen, sehr merkwürdig geformten, geweihähnlichen Hexenbesen auf dem Zweig einer Tanne, die ich neben den anderen dort befindlichen ausländischen Tannenarten anfangs auch für eine solche hielt. Bei näherer Untersuchung zeigte sich jedoch, dass es eine gewöhnliche, nur sehr üppig entwickelte Weisstanne war.

Von den zahlreichen Peridermiumarten ist nur eine dem Peridermium (Aecidium) elatinum durch Erzeugung von Anschwellungen an Stamm und Ast ähnlich, nämlich Peridermium cerebrum[1]) auf Pinus rigida. Dieselben sind auf Aesten umläufig am Schaft nur einseitige kugel- bis tonnenförmige Gebilde von $^1/_2$—$2^1/_2$ Zoll (1,3 bis 6,4 cm) Durchmesser, deren Rinde aufplatzt und in grossen Schuppen abfällt.

Die vorliegende Abhandlung beschäftigt sich fernerhin nur noch mit dem auf unserer Edeltanne, Abies pectinata, wuchernden Krebs. Wir werden denselben nach folgenden Hauptgesichtspunkten zu behandeln haben:

1. Naturgeschichte,
2. Waldbauliche Bedeutung,
3. Bekämpfung des Krebses.

---

[1]) Vgl. v. Thümen a. a. O. S. 312.

Erster Abschnitt.

Die Naturgeschichte des Weisstannenkrebses.

Hier bietet sich zunächst dar:

1. Die Betrachtung des Krebses mit dem blossen Auge.

Unter den Krankheiten unserer wichtigeren Waldbäume ist §. 1.
vielleicht keine, welche in allen Entwicklungsstufen ihrer äusseren Erscheinung sich so leicht verfolgen lässt als der Weisstannenkrebs. Schon dem laienhaften Beobachter drängen sich bei kurzem, sommerlichem Gange durch eine Tannenkultur und ein anstossendes Tannenaltholz aus Gesichtsnähe zwei Arten von abenteuerlichen Gebilden auf, welche auf den ersten Blick lediglich nichts mit einander gemein zu haben scheinen: hier ein seltsam verworrener Busch von Zweigen mit hellgrünen, dürftigen, ringsständigen Nadeln, die auf ihrer Unterseite orangegelbe Polster tragen. Klopft man zu Anfang Sommer an diesen Busch, der als scheinbar ganz selbstständiges Wesen auf seiner Wirthspflanze, der dunkelnadligen Tanne, haftet, so fliegt ein dichter, gelber Staub davon, wie bei den Blüthenkätzchen des Haselnussstrauchs im ersten Frühjahr. Dort dagegen fällt eine kugelförmige Anschwellung vieler Stämme auf, die theils den ganzen Schaft umfasst, theils nur auf einer Seite desselben sich befindet. Eine nähere Betrachtung dieser Anschwellungen zeigt, dass hier die Rinde eine ganz ungewöhnliche Stärke erlangt und sich zu einer oft mit sehr einschneidenden, senkrecht verlaufenden, Vertiefungen und Rissen versehenen Borke ausgebildet hat. Diese Borke ist in vielen Fällen mit dem Holzkörper noch fest verbunden; sehr häufig genügt aber schon ein

leichter Schlag, um sie von demselben, wenigstens stellenweise, loszulösen und dadurch das Holz bloszulegen, welches ebenfalls eine starke Anschwellung zeigt. Oder aber ist auch ein solcher Schlag nicht mehr nothwendig, sondern der Holzkörper liegt ganz frei da und lässt sich schon mit leichtem Fingerdruck noch weiter von der lose daran hängenden Rinde befreien. (Siehe Tafel I, Fig. 1.) Zwischen dieser Rinde und dem Holz befinden sich sehr häufig zerbröckelte, humusähnliche Massen, welche sich als ein Gemenge von faulender Rinde und Harzknollen erweisen, sich meist in sehr feuchtem Zustand befinden und ein bevorzugter Aufenthalt von allerlei Ungeziefer, namentlich Schnecken, sind. Bei Frostwetter kann man zwischen solcher Rinde und dem Holz leicht massenhafte Bildung von Eiskrystallen wahrnehmen, welche die Lostrennung wesentlich befördern. An einseitigen Anschwellungen des Stamms ragt oft mitten aus denselben ein halb abgestorbener Ast hervor, in dessen unmittelbarer Umgebung der Holzkörper von besonderer Härte ist. Häufig ist dieser Holzkörper von tiefen, senkrechten Rissen durchzogen, welche der Luftfeuchtigkeit, den Niederschlägen u. s. w. Eingang gestatten. In Folge dessen befinden sich namentlich die weiter innen gelegenen Theile des Holzes in manchmal sehr vorgeschrittenem Zustand der Zersetzung. Dies ist fast regelmässig der Fall, wenn braune, sehr festgewobene, theils flächenhaft ausgebreitete, theils in Form von Wandträgern ausgebildete, schwammähnliche Körper auf der Rinde festgewachsen sind.

Ein wesentlich anderes Bild bieten jene im Volksmund als Hexenbesen, Donner- oder Wetterbüsche bezeichneten oben beschriebenen Geschöpfe in den Tannenkulturen, sobald der Herbst eingetreten ist. Die kurzen Nadeln derselben fallen fast sämmtlich ab und die meist senkrecht aufgerichteten Hexenbesen scheinen dürr geworden zu sein. Dem ist aber nicht so; ein Griff an den weichen, schlanken und besonders biegsamen Zweigen jener Büsche, die üppige Knospenbildung und schliesslich ein Schnitt durch Zweig und Knospen belehren darüber, dass dieselben sich voller Lebensfrische erfreuen. Jetzt lässt sich auch die Stelle besser in's Auge fassen, an welcher der Besen auf seinem Wirthe befestigt ist. Hier zeigt sich ohne jegliche Ausnahme eine Beule des gesunden Zweigs, die um so grösser ist, je älter der Donnerbusch sich erweist. Das Alter desselben ist auch ohne Querschnitt meist leicht zu erkennen. Da in der Regel einer der Triebe des Hexenbesens die Führung übernimmt, so kann an diesem die Zahl der Jahrestriebe leicht abgezählt werden. Allerdings hat der Hexenbesen die Eigenthümlichkeit, dass seine einzelnen Zweige sehr häufig nicht drei in einer Ebene liegende Endknospen ausbilden, wie gesunde, regelmässige Tannenzweige, sondern eine Mittelknospe und mindestens zwei dieselbe umgebende Seitenknospen, gerade wie an einem gesunden Gipfeltrieb der Tanne. Durch diese planlose Gipfeltriebbildung entsteht auch das oft unentwirrbare Zweigwerk älterer Hexenbesen.

Schon in den jüngsten Kulturen, und noch deutlicher in Jungwüchsen, die sich eben geschlossen haben oder schon gereinigt wurden, findet sich ferner der Fall, dass Hexenbesen nicht nur auf den Zweigen sitzen, sondern auch am Schaft selbst, namentlich in der Nähe des Gipfels. Bei einiger Aufmerksamkeit zeigt sich bald, dass alle Uebergangsformen zwischen denjenigen Besen vorhanden sind, die ganz aussen auf den Zweigen oder in der Mitte derselben oder unmittelbar am Schaft angeheftet sind. Begiebt man sich dann in ein älteres Stangenholz, so kann man zahlreiche Fälle beobachten, in welchen mehr oder weniger angeschwollene Beulen am Tannenschaft, sei es auf der einen Seite oder in ihrem ganzen Umfang, mit theilweise oder ganz dürren Hexenbüschen umgeben sind. Schliesslich gelingt es auch, namentlich in weniger dichtem Schluss oder freier Lage, Tannen zu finden, welche sowohl eine Schaftanschwellung besitzen, als noch in vollem Nadelschmuck stehende und den gelben Staub ausstreuende Hexenbesen tragen, die unmittelbar aus jenen Anschwellungen entspringen.

Der Zusammenhang der beiden so auffallenden und scheinbar so verschiedenen Gebilde ist jetzt klar. Man wird bei kurzer Uebung nun sowohl im Tannenaltholz auf den höchsten Bäumen Hexenbesen aller Grössen und in den verschiedensten Entfernungen vom Schaft entdecken, wie in Jungwüchsen Schaftbeulen mit grünen und solche mit bereits dürr werdenden Wetterbüschen.

Wer scharf zusieht, wird auch Stämme finden, bei welchen der Uebergang von der Astbeule zur Schaftbeule unmittelbar beobachtet werden kann, wie dies Figur 9 und 10 auf Tafel IV deutlich zeigt.

So erscheint nunmehr der Schluss nicht mehr ungerechtfertigt, dass die grossen kugel- oder tonnenförmigen Geschwülste an den

Tannen-Stämmen selbst dann ein Glied in der Entwicklungsreihe sei es des Hexenbesens, oder mindestens der ihm stets als Unterlage dienenden Krebsbeule darstellen, wenn von einem solchen Besen auch keine Spur mehr an jener Anschwellung des Stamms zu finden ist.

Der Beweis hierfür kann unschwer erbracht werden. Der blossgelegte Holzkörper älterer Stammkrebse zeigt äusserlich in der Regel ganz auffallende Furchungen, die auch bei jüngeren Stamm- und Astkrebsen häufig zu erkennen sind. Dies lässt auf einen entsprechenden Bau der Jahrringe schliessen. Und in der That jede Krebsbeule, sei sie vom Ast oder Schaft, zeigt im Wesentlichen ganz die gleiche, mehr oder weniger stark geschlängelte, wellige Zeichnung der Jahrgänge, wie solche namentlich in den Figuren 17a—c auf Tafel VI und 18a auf Tafel VII dargestellt ist. Diese Zeichnung ist auch dadurch hervorstechend, dass sowohl ein vollständiges Aussetzen der Jahrringbildung auf kurze Strecken, als eine stellenweise „falsche“ Jahrringbildung sehr häufig vorkommt. Durch diese Merkmale dürfte der unmittelbare innere Zusammenhang zwischen Stammkrebs und Astbeule unwiderleglich dargethan sein. Derselbe wird dadurch noch weiter bestätigt, dass auch an den Aesten Krebsbeulen vorkommen, bei welchen die Entwicklung eines Hexenbesens nicht beobachtet werden kann, wohl aber auf dem Querschnitt jene geschlängelte Zeichnung der Jahrringe, so in dem durch Figur 2 a und b auf Tafel I dargestellten Fall.

§. 2. Unterschiedslos für alle Krebsbeulen der Tanne am Schaft wie an den Aesten und ebenso bezeichnend ist die oft ganz ausserordentlich starke Anschwellung der Rinde bis zur 10 fachen, ja selbst 20 fachen Stärke der gesunden Rinde in nächster Nähe der Beule. Dies erläutern sämmtliche Querschnitte, namentlich aber die Figuren 15, 17 auf Tafel VI, 21 auf Tafel VIII. Doch liegt es auf der Hand, dass an kräftigen haubaren Stämmen die Rindenanschwellung eine ganz andere wirkliche Stärke erreichen kann, als an den verhältnissmässig schwachen Aesten. (Vgl. Fig. 5 auf Tafel II.) Allerdings ist das Wachsthum des Hexenbesens und seiner Krebsbeule ein sehr rasches, unter den ihm zusagenden Verhältnissen ein viel rascheres, als das der Axe, welche ihn trägt. Hierdurch wäre es möglich, dass diese beiden sehr bedeutende Ausdehnung erlangen könnten. Diese hat jedoch in Wirklichkeit enge Grenzen, denn befindet sich ein solcher Hexenbesen aussen an einem Zweig, so ist letzterer bald nicht mehr im Stande, die zunehmende Last zu tragen und sinkt herunter, um von Nachbarzweigen desselben oder eines Nachbarstamms überwachsen zu werden. In der Mitte der Zweige oder in der Nähe des Stamms jedoch wird der Hexenbesen von den weiter oben befindlichen Zweigen nach wenigen Jahren überwachsen und stirbt dadurch rasch ab, indem er eine ganz entschiedene Lichtpflanze ist, ganz im Gegensatz zu dem gerade bei der Tanne am meisten hervortretenden Vermögen, den Schatten zu ertragen. Hierdurch fällt aber auch die Ernährung der Krebsbeule weg, falls dieselbe nicht in noch lebendem Zustand vom Dickenwachsthum des Stamms erreicht wird.

Diese Lichtbedürftigkeit des Hexenbesens theilte ich mehreren Fachmännern mit, die jedoch meine Ansicht mit Kopfschütteln vernahmen, und doch ist dieselbe vollständig zutreffend. Ich freue mich, dass nun auch Weise[1]) diese ausgeprägte Lichtbedürftigkeit hervorgehoben hat. Der Beweis für dieselbe dürfte in Folgendem zu finden sein. Die grössten Hexenbesen, die gefunden werden, stammen entweder von Vorwüchsen oder anderen dauernd nach mehreren oder wenigstens einer Seite freistehenden Tannen, oder vom Gipfel hoher vorherrschender Stämme in Althölzern, deren Gipfeltriebe nur noch wenig an Höhe zulegen.

Die grössten Hexenbesen, die ich fand, waren folgende:

1. Auf dem stärksten, 31 m hohen, Probestamm für die Versuchsfläche Rothau (Schwann) fand sich 3 m unterhalb des Scheitels auf einem Aste nahe beim Stamm ein 14 jähriger, 2,6 m hoher und 1 m breiter völlig gesunder Besen, der von der Beule an Zwieselgestalt hatte und den gesunden Gipfel der Tanne stark bedrängte.

2. Ein 32,7 m hoher Stamm in der Versuchsfläche Berghalde trug 2,7 m unterhalb des Scheitels einen 1,5 m hohen, nicht mehr grünen Hexenbesen. Dessen Beule sass 30 cm vom Schaft entfernt, welcher keinerlei Anschwellung zeigte.

3. Ein 26 m hoher Stamm im Eckwald (Hohenzollern) trug an einem 16 jährigen Ast 3 m unterhalb des Scheitels einen 9 jährigen, 1,5 m hohen Hexenbesen, dessen Beule 0,75 m vom Schaft entfernt sass.

4. Ein 33 jähriger 8 m hoher Vorwuchs in der Kultur Schwab-

[1]) a. a. O. S. 14.

hausen (Schwann) trug den in Figur 7 auf Tafel III abgebildeten 1,5 m breiten und ebenso hohen 8jährigen Hexenbesen, welcher zugleich den Gipfel dieses Baumes bildete. Dieser an einem Grasweg befindliche Hexenbesen, der in vollem Nadelschmucke stand, war weithin sichtbar und gab dem ganzen Stamm ein höchst eigenartiges Aussehen. Der Gipfel des Hexenbesens (g) war dürr, da er von Nebenzweigen überragt wurde, die sich in rascherem Wuchs über ihn hereingebeugt und ihn abgefegt hatten.

5. Ein 60 Jahre alter, in Brusthöhe 36 cm starker, 17,5 m hoher Tannenstamm im Unteren Eckkopf ganz nahe bei der Versuchsfläche Unteres Haidenrückle (Revier Herrenalb) war mir schon während meiner früheren dortigen Thätigkeit aufgefallen. Auch dieser bot von Weitem ein ganz auffallendes Bild. Derselbe stand, 5—6 m vom Waldsaum entfernt, auf einer steil nach N.O. abfallenden Wässerwiese, nahezu ganz frei. Nur zwischen ihm und dem Waldsaum befand sich noch ein kleiner Horst von ziemlich jüngeren Tannen. Diesen Baum liess ich im Sommer 1890 fällen. Derselbe besass zwei grosse und zwei kleine Stammkrebse, sämmtlich mit Hexenbesen behaftet, von welchen zwei besonders stark waren. Der unterste befand sich 7,8 m über dem Boden, war 1,9 m breit und ganz dürr; der andere sass in einer Höhe von 15,1 m, hatte eine Höhe von 1,10 m und einen Durchmesser von 1,50 m. Derselbe war vollständig grün, umgab den Schaft nach allen Seiten in dichtem Gewirr und leuchtete mit seinen hellgrünen Nadeln weithin. Der Stamm war von 14,4 m Höhe an ein Zwiesel. $1^1/_2$ m unterhalb des stärkeren Gipfels entsprosste nochmals ein 6jähriger abenteuerlich geformter Hexenbesen, der mit gestutzten Zweigen in Figur 9d auf Tafel IV dargestellt ist.

Eine nähere Untersuchung der abgehauenen Aeste ergab Folgendes: es fanden sich innerhalb der Krone 25 dürre Hexenbesen auf dürren Aesten, 4 dürre Krebsbeulen ohne Hexenbesen, ebenfalls auf abgestorbenen Aesten. Auf grünen Zweigen standen 11 dürre und nur 5 grüne Hexenbesen. Der Stamm besass also im Ganzen 45 Ast- und 4 Stammbeulen. Ausserdem wies dieses Laster von einer Weisstanne noch 5 Stellen auf, aus welchen, theils auf den Aesten, theils am Schaft, die Mistel hervorbrach.

Vergleicht man mit diesen Beispielen den kümmerlichen, verkrümmten und nestartigen Wuchs, den überschattete Hexenbesen zeigen, denen zugleich nur kurze Lebensdauer eigen ist, so wird an dem starken Lichtbedürfniss der Hexenbesen nicht mehr zu zweifeln sein. Im Vergleich mit der Tanne selbst wird dies auch dadurch bewiesen, dass innerhalb Stangen- und Baumhölzern am Schaft vom Boden an bis in die Krone ungemein häufig saftig grüne, ein- bis mehrjährige, aus Proventivknospen entsprungene Zweigchen sich zeigen, selten aber andere als dürre Hexenbesen.

Der 14 jährige „Wetterbusch" vom Rothau ist der älteste, den ich während halbjähriger Versuchsarbeiten in Weisstannenbeständen und nun bisher überhaupt finden konnte. Der älteste, der de Bary begegnete, war 16 jährig und 60 — 70 m hoch. Die Lebensdauer des Hexenbesens ist also auch unter günstigen Entwicklungsbedingungen eine sehr kurze, selten 10 Jahre übersteigende. Es mag dies manchmal daher rühren, dass oft mitten aus einem solchen Busch heraus nicht etwa ein ganz gesunder Zweig entspringt, (was auch sehr häufig vorkommt), sondern dass ein echter, mit besonders raschem Wachsthum ausgestatteter Hexenbesenzweig an irgend einer Stelle plötzlich alle Eigenschaften eines völlig gesunden Zweiges annimmt. Dies ist z. B. an der mit ü bezeichneten Stelle in Figur 14 auf Tafel V der Fall, wo der Haupttrieb des aus einer Gipfelknospe entsprungenen Hexenbesens abgeäst ist und ein Nebentrieb plötzlich die Führung übernommen hat. Nach einigen Jahren würde wohl dieser Hexenbesen durch Ueberschattung und Eintritt des Schlusses in der Kultur abgestorben sein und nur die Krebsbeule wäre als umläufiger Stammkrebs zurückgeblieben.

Indem eine Anzahl weiterer, mit blossem Auge anzustellender Beobachtungen besser der späteren Darstellung überlassen werden, gehen wir nunmehr zur Betrachtung mit bewaffnetem Auge über.

2. Die mikroskopische Untersuchung.

Unsere Gegenwart steht unter dem Zeichen der Pilzforschung. §. 3.
Wo die grosse Welt aufhört, fangen die Wunder der kleinen Welt an. Es ist vergeblich, gegen den Strom der mikroskopischen Forschung zu schwimmen.

Es war noch im Jahre 1860, als der ordentliche Professor der Botanik in Bonn, Dr. H. Schacht, in der 2. Auflage seines Buches „Der Baum" auf S. 118/19 Folgendes schrieb:

„Abnorme Zweigwucherungen, unter verschiedenem Namen als Hexenbesen oder Wetterbusch bekannt, erscheinen nicht selten auf der Tanne, der Kiefer, der Birke, der Weissbuche und der Akazie[1]). Die Veranlassung zu denselben ist unbekannt; sie wird von einigen den Pilzen, von anderen, und mit mehr Wahrscheinlichkeit, dem Stiche eines Insekts zugeschrieben. Die Zweigwucherungen der Weiden, als Weidenrosen bekannt, sollen gleichfalls durch ein Insekt veranlasst werden."

Ferner S. 120:

„Die Pappel, die Rosskastanie und einige andere Bäume[2]) bilden nicht selten da, wo ihr Zweige genommen wurden, kuppelartige mit Borke bedeckte Erhebungen, Rindenwülste, aus denen zahlreiche Nebenknospen hervorbrechen. Auch hier ist eine Zweigwucherung vorhanden, die sicherlich kein Pilz veranlasst hat, und auf einer solchen beruht vielfach die Maserbildung."

Gerwig[3]) führt verschiedene, zum Theil drollige, Ansichten über die Entstehung der Tannenbeulen an, z. B. „Bersten saftführender Gefässe im Splintholz und Bast bei Sturm, wodurch an der zerrissenen Stelle der Saft austrete, faulig werde und so eine örtliche Zerstörung nach sich ziehe"; oder Gefrieren des Safts, oder sonstige mechanische Wirkungen. Als letztes Auskunftsmittel mussten Insekten herhalten. Aber noch im Jahre 1890 hörte ich von einem sonst sehr unterrichteten und einflussreichen süddeutschen Forstmann die Worte aussprechen: „er halte den Weisstannenkrebs für eine Art von Wundfäule, die sich an abgerissenen Aesten oder sonstigen Beschädigungen festsetze; er vermöge nicht zu beurtheilen, ob der von de Bary entdeckte Pilz dazu beitrage, was er nicht ganz verneinen wolle". Dies war recht wohlwollend. Nur ist es zu bedauern, dass heute noch, 25 Jahre nach der entscheidenden Untersuchung de Bary's, Zweifel in die Allgemeinheit seiner Ergebnisse, oder völlige Unkenntniss derselben zutreffen sind.

§. 4. Ein hier kurz zu wiedergebender Auszug über den mikroskopischen Befund de Bary's besagt Folgendes:

In der **Rinde** der Krebsgeschwülste starke Vermehrung des Rindenparenchyms und entsprechend spärliche Ausbildung von Basttheilen. Durch-

[1]) Auch auf Esche, Pflaume, Kirschbaum und Fichte werden Hexenbesen beobachtet; ich habe solche übrigens nur auf der Hainbuche öfters gesehen; ein Querschnitt aus einem Hainbuchenkrebs ist deshalb auch in Figur 24b auf Tafel VIII abgebildet.

[2]) Namentlich auch die Linde.

[3]) „Die Weisstanne im Schwarzwalde". Berlin 1868 S. 43 und 44.

dringung aller, namentlich der lebenden, saftigen Rindentheile von dem $^1/_{350}$ mm dicken, hauptsächlich zwischenzellig verlaufenden Mycel eines Pilzes. Dasselbe lässt sich in die innerste Lage der Bastschicht und bis in's Cambium hinein verfolgen, ja selbst bis in den Anfang des Holzkörpers. Bildung zahlreicher Haustorien, welche von den Zwischenzellräumen aus die Zellwand durchbohren oder dieselbe tief nach innen einstülpen, ohne diese Zellen wesentlich zu verändern. Im Holzkörper ist das Mycel nur spärlich und schwer aufzufinden, eher die Haustorien. Das Mycel entwickelt in den Geschwülsten keine Fortpflanzungsorgane.

Dasselbe stimmt vollständig überein mit dem einer schon früher entdeckten[1]) Uredinee, Aecidium (Peridermium) elatinum, welche die Hexenbesen der Tanne veranlasst und sowohl in dieser, als den dieselben tragenden Beulen reichlich wuchert. (In diesem Nachweis der Uebereinstimmung der beiden Mycelien liegt die Bedeutung von de Bary's Untersuchung. Der Verfasser.) Es muss ein Eindringen dieses Pilzes in die gesunde Rinde der Tanne als Ursache der Krebsbeulen angenommen werden, obgleich ein strenger Beweis hierfür zunächst fehlt.

Das Mycel dauert bis zu 60 Jahren in den Krebsbeulen aus. Letztere sind stets um mindestens ein Jahr älter, als die aus ihnen entspringenden Hexenbesen. Diese entstehen nur, wenn das Mycelium in die junge sich entfaltende Knospe gelangt, andernfalls bildet sich an jungen Trieben nur auf kurzer Strecke eine Beule. Der Pilz kann das nachträgliche Austreiben schlafender Augen veranlassen, an Aesten, wie Stämmen.

Entstehung der Fortpflanzungskeime in den Spermogonien unter der oberen Fläche der gelbgrünen, fleischigen Nadeln der Hexenbesen, in welche das Dauermycel aus dem Rindengewebe derselben bei ihrer ersten Anlage eingedrungen ist. Etwas später Erscheinen der röhrchenförmigen orangefarbigen Sporenbehälter auf der Unterseite der Nadeln. Sporen durchschnittlich $^1/_{38}$ mm lang und $^1/_{64}$ mm breit. Die aus denselben treibenden Keimschläuche drangen weder in die Spaltöffnungen noch die Epidermiszellen der Nadeln und Zweige junger Tannenbäumchen ein.

Wegen der Uebereinstimmung dieses Verhaltens mit demjenigen der genauer bekannten, Keimschläuche treibenden, Aecidienformen muss bis zum Beweis des Gegentheils angenommen werden, dass die Keimschläuche von Aecidium elatinum in die Spaltöffnungen einer anderen Pflanze als der Tanne eindringen, dort Teleutosporen mit oder ohne Uredoform bilden und dass erst von diesen aus der Angriff auf die gesunde Weisstanne erfolgt. Ob diese Annahme richtig und welches der Wirth ist, müssen weitere Untersuchungen entscheiden.

So weit de Bary. Eine weitere Ausbildung seiner Untersuchungsergebnisse ist meines Wissens nicht bekannt geworden[2]).

---

[1]) Vgl. Ann. Sc. nat. 4 Sér. Tom. XX S. 90.

[2]) Erst während des Drucks dieser Schrift kam mir eine sehr beachtenswerthe Abhandlung von Dr. F. Hartmann zu Gesicht: „Anatomische Vergleichung

Nur in systematischer Beziehung darf wohl erwähnt werden, dass bis 1881 auf 23 (mit Abies cefalonica, Nordmanniana und Pinsapo jetzt 26) verschiedenen Wirthspflanzen 16 Peridermium-(Aecidium-) Arten bekannt geworden sind. Bei keiner einzigen derselben ist aber bis jetzt das Eindringen der Keimschläuche in die Nährpflanze selbst beobachtet worden, d. h. in jene Pflanze, welche die gekeimten Sporen selbst hervorbrachte[1]).

§. 5. Einige Beobachtungen, die ich selbst anstellte, sind kaum erwähnenswerth und waren eigentlich nur zu meiner eigenen Belehrung bestimmt. Wenn ich aus denselben trotzdem Etliches mitzutheilen mir erlaube, so geschieht dies nur, um anzudeuten, dass der mikroskopische Nachweis von Peridermium elatinum in einigen Beziehungen leichter ist, als Mancher vielleicht glaubt. Es würde mich freuen, wenn hierdurch eine kleine Anregung zu weiterer Beobachtung auch in nicht ausschliesslichen botanischen Fachkreisen gegeben würde.

Am meisten empfahl sich die Behandlung der Schnitte mit Chloralhydrat[2]). Sie wurden nach Kochen mit demselben, selbst bei einiger Dicke, durchsichtiger als mit Chlorzinkjod; so liess sich bei feiner Aenderung der Einstellung des Mikroskops der Verlauf der Pilzfäden und namentlich der Haustorien leicht verfolgen. Im Holze vermochte ich trotz vieler Bemühungen, auch durch Anwendung von Färbungen, weder Mycel noch Haustorien sicher nachzuweisen, selbst nicht in den $^1/_{250}$ mm starken Mikrotomschnitten. Dieselben gaben zwar sehr scharfe Bilder, namentlich wenn sie mit Hämatoxylin gefärbt und in Nelkenöl aufgehellt waren, aber sie wurden wegen der Härte des Holzes durch die Maschine so zerrissen, dass ich nur in einem einzigen Fall mit Wahrscheinlichkeit einen Pilzfaden zu erkennen glaubte.

Um so leichter war die Untersuchung des Rindengewebes. Unter verschiedenen Verfahren war weitaus das beste die Beobachtung der Markstrahlen auf dem Radial- und noch besser dem

---

der Hexenbesen der Weisstanne mit den normalen Sprossen derselben.“ Freiburg 1892. Der Verfasser hebt hauptsächlich hervor, dass Mark und Rinde beim Hexenbesen etwa doppelt so stark angelegt seien, als beim gesunden Zweig.

[1]) v. Thümen a. a. O. S. 300, 308.

[2]) de Bary empfiehlt a. a. O. S. 259 Ausziehen des Harzes mit Alkohol und Behandlung mit Kalilösung.

Tangentialschnitt. Die einreihigen Markstrahlen erscheinen hier sehr häufig von Ketten rhombischer Krystalle aus oxalsaurem Kalk eingefasst. In den Räumen zwischen den einzelnen Parenchymzellen zeigen sich die Pilzfäden im Querschnitt. Von diesen gehen Haustorien aus, welche unter Durchbrechung der Zellwand in das Lumen der Markparenchymzellen hineinragen. Bei jeder Aenderung der Einstellung zeigen sich neue Haustorien, jedesmal 1 bis 2 oder 3, selbst 4 mit den seltsamsten Windungen, sehr häufig in der Form von Embryonen oder gewundenen Knäueln. Es muss hieraus geschlossen werden, dass die Zahl dieser Haustorien in jeder einzelnen Zelle eine grosse ist, ja dass vielleicht deren Innenwände mit solchen gleichsam behaart sind. Die beistehende

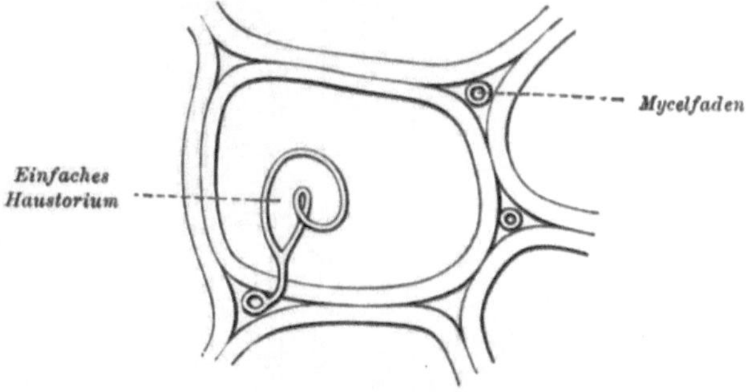

Markstrahlparenchymzelle aus krebsigem Tannen-Bastgewebe. 1:1500 (linear).

Abbildung (Fig. 1) zeigt eine häufig wiederkehrende einfache Grundform eines solchen Haustoriums in 1500facher linearer Vergrösserung, wie ich sie nach dem Mikroskop zeichnete; die Anwendung des Zeichenprismas zur Herstellung einer grösseren Abbildung wollte zu keinem befriedigenden Ergebniss führen. Der Vollständigkeit halber möchte ich es aber wagen, den Versuch der Darstellung zweier durchsetzender Markstrahlen mit den zahlreichen Haustorien (Tangentialschnitt) umstehend wiederzugeben. (Fig. 2.)

Nur in älterer Borke, wie z. B. der in Fig. 5 auf Tafel II abgebildeten, fanden sich Haustorien blos in einzelnen Zellen; ebenso zeigen die Nadeln des Hexenbesens namentlich in der Nähe der Aecidien in der Hauptsache nur fädiges Mycel. Auf jedem Querschnitt durch ein Aecidium waren etwa 300 eiförmige Sporen zu zählen.

§. 6. Bei der Untersuchung richtete ich namentlich auf einen Punkt mein Augenmerk. de Bary giebt zwar[1]) an, dass die Grenzen der Krebsgeschwülste zugleich die Grenzen der Myceliumverbreitung seien. Doch schien mir eine Aeusserung Robert Hartig's zu Zweifeln zu veranlassen. Derselbe sagt nämlich in der 2. Auflage seiner Baumkrankheiten S. 155 über Aecidium elatinum:

Fig. 2.

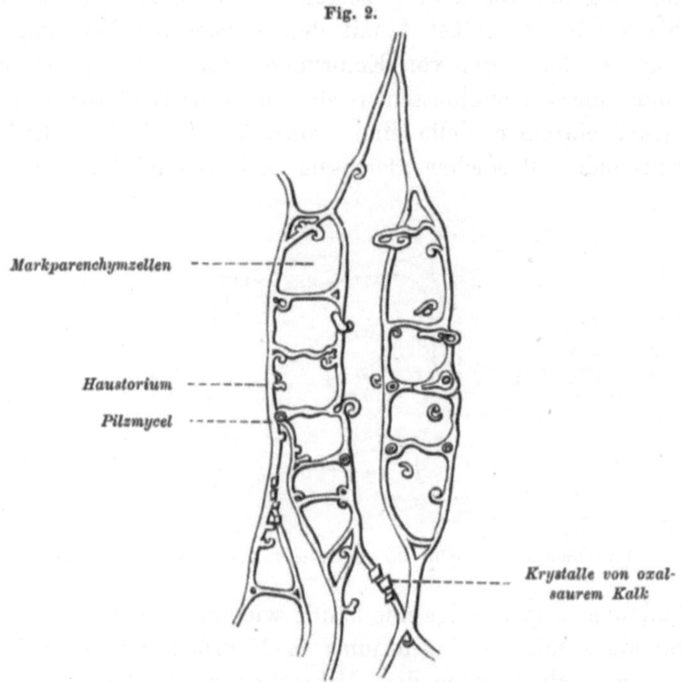

Markstrahl auf dem Tangentialschnitt durch den vom Krebs ergriffenen Bast von Abies pectinata. 1:280 (linear).

„Das Mycel wandert im Rinden- und Bastgewebe auch langsam rückwärts und so entsteht an dem Stamme oder Zweige, dem der Besen aufsitzt, eine ebensolche Beule etc.“ Derselbe Forscher muss bei Erklärung einer auffallenden Erscheinung bei dem durch Nectria ditissima veranlassten Buchenkrebs unter gewissen, ihm noch nicht bekannten, Umständen eine Wanderung des Pilzmycels als vorkommend unterstellen. Sodann nimmt Forstrath Schweick-

[1]) a. a. O. S. 261.

hardt in Karlsruhe an[1]), dass das Mycel durch den Zweig in den Stamm zurückwachsen kann und dass es deshalb gut sein werde, die befallenen Zweige glatt am Stamm abzunehmen. Auch ich war früher dieser Meinung und schnitt schon 1884 eine grosse Anzahl von Aesten, die mit Hexenbesen noch so weit aussen besetzt waren, scharf am Schafte weg. Bei mikroskopischer Betrachtung fand ich nun aber, dass die Grenze zwischen gesundem und angestecktem Gewebe eine ausserordentlich scharfe ist, denn neben Geweben, welche mit Haustorien und Mycelfäden reich besetzt sind, finden sich plötzlich solche, von welchen keine einzige Zelle mehr angesteckt ist. Wie ich mich bei einer Anzahl von Beispielen überzeugte, findet sich in grösserer oder kleinerer Entfernung von der Krebsbeule kein einziges Mycel oder Haustorium mehr. Hieraus dürfte wohl zu schliessen sein, dass eine Wanderung des Myceliums von Peridermium elatinum von den Zweigen zum Schaft ausgeschlossen ist, so lange die Astbeulen nicht durch das Dickenwachsthum des Schafts mit demselben in unmittelbare Berührung kommen.

Unrichtig, oder wenigstens ungeschickt ausgedrückt, ist die Aeusserung v. Thümen's[2]), die durch Peridermium elatinum hervorgerufene Krankheit „zerstöre das Gewebe völlig und so vermöge der von ihr heimgesuchte Baum den Stürmen nicht mehr zu widerstehen“. Denn irgend welche „Zerstörung des Gewebes findet durch unseren Pilz“ nirgends statt. Die leider nur zu häufig auftretende Ursache einer solchen ist vielmehr, neben dem Einfluss von Wind und Wetter auf den blossgelegten Holzkörper, die zerstörende Thätigkeit des Mycels von Polyporus fulvus[3]), welche an den meisten Windbrüchen von Krebstannen schuldig ist.

3. Die Entstehung und das Wachsthum des Krebses.

de Bary nimmt, wie auf Seite 13 bereits erwähnt, an, dass das §. 7.
Mycel des Krebspilzes in die gesunde Rinde der Tanne eindringe, ohne dass hiefür bis jetzt ein Beweis erbracht werden könnte.

[1]) Verhandlungen des badischen Forstvereins zu Emmendingen im September 1882, abgedruckt in der Baur'schen Zeitschrift 1885 S. 162.

[2]) a. a. O. S. 307.

[3]) a. a. O. S. 167.

Robert Hartig dagegen glaubt, dass eine Verwundung die Voraussetzung zur Ansteckung durch den Pilz sei, wie bei so vielen anderen Pilzkrankheiten. Er fügt indess in der 2. Auflage seiner Baumkrankheiten ergänzend hinzu, dass dies „vorläufig" angenommen werden dürfe. Hierbei bleibt übrigens noch ganz unentschieden, ob es sich um eine Ansteckung durch die auf den Hexenbesen der Tanne selbst erzeugten Sporen handelt, oder um Sporidien aus einer Teleutosporenform, deren Zusammenhang mit Aecidium elatinum noch nicht nachgewiesen ist.

In Anknüpfung hieran hat sich neuerdings eine Streitfrage darüber entsponnen, ob eine Verletzung der gesunden Rinde der Tanne überhaupt nothwendig ist, um dem Krebspilz Eingang zu verschaffen. Weise theilt in der genannten Abhandlung im Jahr 1892 einen Fall mit, der ihn in dieser Anschauung wankend gemacht habe. Er fand 1884 am Kandel im badischen Schwarzwald die Ueberwallungen zahlloser Hagelwunden von Linsengrösse, aber keine einzige Krebsansteckung an denselben, während an „scheinbar wundfreien" Stellen im selben Gebiet junge Beulen und Hexenbesen zu finden waren. Weise sagt nun: „Durch diesen Befund war bewiesen, dass thatsächlich keimfähige Sporen in der Zeit geflogen waren, wo die Wunden noch offen waren, also eine Infektion der Wundstellen hätte erfolgen können; die Sporen hatten aber nicht bei diesen und den Ueberwallungswülsten angesetzt, sondern an scheinbar unverletzten Stellen, namentlich aber in der Umgebung von Knospen." Dieser Beweis scheint mir aber keineswegs auszureichen. Denn es ist vor Allem das Datum jenes Hagelfalls nicht mitgetheilt. Hagelschläge finden in Süddeutschland vom April bis September statt. Trat nun jener Hagelfall erst zu Anfang des Spätjahrs oder zu Ende des Sommers ein, wo die Aecidiensporen (und ohne Zweifel auch Sporidien einer etwaigen Teleutosporenform) längst verstäubt sind, so war eine Ansteckung ja völlig ausgeschlossen. Trat aber der Hagelschlag früh ein, ehe die Sporen stäubten, so hatten die entstandenen Wunden längst Zeit, sich durch Ausscheidung von Terpentin zu schützen, während grössere Wunden vertrockneten. Ohne Zweifel ist die Dauer der Ansteckungsgefahr nach Eintritt einer Hagel- oder anderen ganz offen liegenden Wunde keine lange. Sodann ist auch gar nicht bekannt, wie lange oder wie kurz die Keimfähigkeit der ausgestreuten Sporen währt.

Ueber einen entsprechenden Fall weiss ich Näheres zu berichten. Am 13. Juli 1889 zog über den Höhenzug des Rammert bei Tübingen (zwischen Albrand und Neckar) ein schweres Hagelwetter weg, mit dem ich mich später genau zu beschäftigen hatte[1]). Am 12. December 1890 besichtigte ich nun die verhagelten Waldungen näher. Das Ziel der Wanderung war eine 20 ha grosse Tannenunterpflanzung in der Abtheilung Rauh-Rammert des Reviers Bodelshausen, wohin mich dessen Verwalter, mein Kollege Rau, gütigst geleitete. Die sehr wüchsige 1—2 m hohe Kultur war trotz des Schutzes zahlreicher Lichtholzoberbäume auf's Schlimmste zugerichtet. Es war kaum eine Pflanze vorhanden, die nicht mindestens ein Dutzend mehr oder weniger schwere Wunden trug; es gab am Schaft solche bis zu 8 und 10 cm Länge; manche Tannen besassen 40 und mehr Wunden aller Arten und Grössen, da Schlossen bis Faustgrösse gefallen waren. Diese Kultur suchte ich nun, langsam durch die Reihen schreitend, 4 Stunden lang ab. Ich hatte vermuthet, entweder eine sehr grosse Anzahl junger Hexenbesen oder gar keine zu finden. Das Ergebniss war: ein alter und ein junger Hexenbesen. Der letztere ist in Fig. 25 auf Tafel IX abgebildet. Bei diesem schien es auf den ersten Anblick ganz handgreiflich, dass die Verwundung die Ursache der Ansteckung gewesen war. Auch zeigte die mikroskopische Untersuchung, dass der Beginn der mit Haustorien erfüllten Zellen genau mit dem inneren Wundrand zusammenfiel. Der Beweis schien also gelungen zu sein. Nun hat aber, wie früher erwähnt, de Bary den Beweis dafür erbracht, dass jede Krebsbeule mindestens um ein Jahr älter ist, als der älteste aus ihr sprossende Hexenbesen. Der in Fig. 25 auf Tafel IX abgebildete Hexenbesen war zweijährig, die Beule musste daher mindestens dreijährig sein. Ein Querschnitt mitten durch die Beule zeigte auch alsbald bei genauer Untersuchung, dass die Ansteckung des Zweigs schon im Jahr 1888 stattgefunden hatte. So war der scheinbar so schöne Beweis für die Ansteckung an einer Wunde in's Wasser gefallen. Es war ein zufälliges Zusammentreffen, dass unmittelbar neben dem Krebsknoten ein Jahr nach dessen Entstehung ein Hagelkorn §. 8.

[1]) Vergl. S. 145 meiner Schrift über „die Hagelverhältnisse Württembergs in dem Zeitraum von 1828—1890 mit besonderer Berücksichtigung der Bewaldung des Landes.“ Stuttgart, Württembergische Jahrbücher 1892.

aufgeschlagen hatte, und ich zog aus der Erfolglosigkeit jener Suche den Schluss, dass die gefahrbringenden Sporen am 13. Juli bereits verstäubt hatten. Dass solche in der Nähe vorkommen, zeigte ein 5 Minuten von der Kultur entfernter 60jähriger Tannenbestand im „Buchrain“, der zahlreiche Krebsstämme und in den Baumkronen grüne Hexenbesen trägt. Um sicher zu gehen, begab ich mich am 17. März 1892 nochmals in den Rauh-Rammert. Ansteckungen vom 13. Juli 1889 und den folgenden Tagen hätten nun 3jährige Krebsbeulen mit höchstens 2jährigen Hexenbesen gezeitigt haben müssen. Ich suchte einen halben Tag lang dieselbe grosse Unterbaufläche ab und fand 2 einjährige, 8 zweijährige und 2 dreijährige Asthexenbesen, 2 Stammkrebse mit Hexenbesen, wovon der eine mit Gipfelkrebs in Fig. 26 auf Tafel IX abgebildet ist, und einen Uebergangskrebs (Fig. 28 auf Tafel X), der in nächster Zeit durch Einwachsen zum Stammkrebs geworden wäre. Jenes 60 cm hohe Stämmchen mit Gipfelkrebs (Fig. 26 auf Tafel IX) besass 2 Hagelwunden h und h' an dem 1888 entstandenen Gipfeltrieb und dem 1889 aus einer Spitzknospe ausgetriebenen und noch nicht ganz verholzten Seitenzweig. Ob die 1889 gebildete Gipfelknospe eine Verletzung erlitt, kann nicht mehr entschieden werden. Bei dem Krebs, welcher den Uebergang von einem Astkrebs zu einem Schaftkrebs darstellt (Fig. 28 auf Tafel X), lag die Sache sehr einfach: der reichlich wuchernde Hexenbesen war allerdings 2jährig, die Beule selbst aber 6jährig. Bei den übrigen 1 und 2jährigen Hexenbesen waren Hagelwunden in nächster Nähe der Beulen nicht zu finden. Hieraus folgt aber nur, dass ein Zusammenhang der Ansteckung mit jenem furchtbaren Hagelschlag vom 13. Juli nicht wahrscheinlich ist. Dieselbe kann früher und an ganz kleinen Wunden erfolgt sein, die nicht wie die meisten jener schweren Verletzungen tief in den Holzkörper eindrangen.

Auch im Staatswald Grossholz des Reviers Einsiedel befindet sich in der Nähe des ½ Stunde von Tübingen entfernten Versuchsgartens eine 30 ha grosse, mit Tannen unterbaute Fläche (hier und im Rammert auf oberem Keuper). Die älteren bis zu 8 m hohen Partien, mit welchen 1866 begonnen wurde, sind nun freigestellt, während die den grössten Theil der Unterbaufläche einnehmenden jüngeren Tannenpartien noch den Schutz eines ziemlich dichten

Oberholzes von Buchen, Hainbuchen und stellenweise auch Fichten geniessen. Hier und im Rammert leiden die Tannen neben Mäusefrass und dem nesterweisen Abbeissen der höheren Gipfeltriebe durch die Eichhörnchen, hauptsächlich vom Rehverbiss, so stark, wie ich dies im Schwarzwald kaum je sah.

Eine Nachforschung am 6. Februar 1892 ergab 9 einjährige, 15 zweijährige und einen dreijährigen Hexenbesen, wovon 4 sich am Schaft 13—19 Jahre alter und 50—70 cm hoher Pflanzen befanden. Eine weitere Suche am 10. März 1892 lieferte 11 einjährige und 13 zweijährige Hexenbesen, jenen in Fig. 10 auf Tafel IV dargestellten Uebergangskrebs und einen einzigen Krebs ohne Hexenbesen (Fig. 2 auf Tafel I). Diesmal waren 6 von den Hexenbesen am Schaft befindlich und von diesen wiederum 2 am Gipfel, bzw. bildeten den eigentlichen Gipfel (Fig. 13 und 14 auf Tafel V). Bei einer Durchmusterung im Juni[1]), wo die äcidienbesetzten Hexenbüsche weithin sichtbar sind, würde das Ergebniss der Sammlung noch ein weit günstigeres sein, aber selbst im Winterzustand sind die älteren und auch jüngeren Besen für ein halbwegs darauf eingeübtes Auge sehr leicht zu erkennen, indem sich dieselben von dem dunkeln Grün der Nadeln scharf abheben.

Auch im Grossholz gelang es nicht, einen unmittelbaren Zusammenhang zwischen Krebsbeulen und Beschädigungen verschiedener Art nachzuweisen. Zwar zeigten sich viele kleine Stellen, die durch Vernarbung oder Ueberwallung geschlossene Hagelwunden waren. Allein die Querschnitte bewiesen, dass diese Wunden jüngster Entstehung waren und zwar, wie hier genau bekannt, von dem am 3. September 1891 bei Tübingen eingetretenen Hagelfall herrührten.

All diese Beispiele können bis jetzt weder für noch gegen die §. 9.
Richtigkeit der Annahme einer Ansteckung durch den Krebspilz an Verwundungen der Rinde in's Feld geführt werden. Ein Umstand jedoch, den ich regelmässig beobachtete, scheint mir darauf hinzudeuten, dass die Ansiedlung gerne an Punkten erfolgt, wo solche Verletzungen häufig vorkommen; der nämlich, dass ich Hexenbesen nirgends so häufig sah, als an den Jungwüchsen in natürlichen Verjüngungen, namentlich wo mit den Mutterbäumen rasch abgeräumt wird. Sieht man näher zu, welches die Beschä-

[1]) In den Sommermonaten war ich auf Dienstreisen.

digungen sind, die in die Vorwuchshorste geworfene Altholzstämme anrichten, so fallen allerdings die abgebrochenen Schäfte und Gipfel der jungen Tannen am meisten in's Auge. Ungleich zahlreicher sind aber die Verwundungen, welche nicht der Schaft, sondern die Aeste der niederstürzenden Oberholzbäume anrichten. Zum Theil bestehen dieselben in ganz leichten Schürfungen der Rinde an den jungen Vorwuchszweigen. Letztere werden am häufigsten an der Stelle beschädigt, wo sie aus den kleinen Schäften selbst entspringen. Denn hier leisten sie den meisten Widerstand. Oft werden diese Zweige auf ein und derselben Seite von oben bis unten gänzlich aus den Astquirlen herausgerissen. Noch häufiger findet in der nächsten Nähe dieser Quirle nur ein theilweises Herausreissen, Quetschen und Schälen statt. In derart zugerichteten Horsten fand ich die Hexenbesen am häufigsten, ja in oft überraschender Menge. Schliesslich gewöhnte ich mich, namentlich im Schwarzwald, daran, beim Durchsuchen frisch geräumter Verjüngungen kurzer Hand auf die anscheinend am meisten misshandelten Horste zuzuschreiten. Hier war ich sicher, eine Ausbeute an Hexenbesen zu finden. Wo Sommerfällung stattfindet, wie im Schwarzwald, würde die Gefahr der Ansteckung eine gesteigerte sein. Bei Winterfällung ist diese Gefahr auch überall da vorhanden, wo solch theilweises Herausreissen der Aeste aus den Quirlen stattfindet, soweit nicht ausfliessendes Terpentin die Wunde schützt. Die im II. Abschnitt näher zu besprechende, von allen Seiten bestätigte Thatsache, dass der Stammkrebs hauptsächlich an den unteren Theilen des Schafts auftritt und nach oben hin ganz rasch immer seltener wird, dürfte kaum eine bessere oder natürlichere Erklärung finden, als die, dass Verletzungen am Schaft oder dessen nächster Nähe beim Fällungsbetrieb im selben Verhältniss nach oben hin immer weniger vorkommen. Dies schliesst natürlich nicht aus, dass durch Hagel, Schnee, Duftanhang und gewiss auch durch das Aufsitzen grösserer Vögel Verletzungen am Gipfel oder dessen Nähe eintreten. Es gäbe vielleicht nicht so viele Schaftkrebse, wenn nicht die nächste Umgebung der Astquirle Beschädigungen besonders ausgesetzt wäre. Uebrigens muss ich betonen, dass, wenigstens nach meinen höchst zahlreichen Beobachtungen in jüngeren Beständen, unmittelbar am Schaft entstehende Krebsbeulen und Hexenbesen keineswegs so selten sind, als de Bary und Weise[1]) annehmen. Unter den 50 Hexenbesen, die ich im Grossholz fand, waren 10 Stück an der Stammaxe entstanden, also 20 % und 3 Stück = 6 % an der Gipfelknospe. Sodann fand ich im Staatswald Mittelbül des Reviers Ellwangen auf und in nächster Nähe der dortigen beiden haubaren und mit sehr reichlichem Vorwuchs unterstellten Tannenversuchsflächen in kurzer Zeit 22 Stammkrebse unter dem bis zu 3 m hohen Vorwuchs. Nach einer schriftlichen Mittheilung des Revieramts werden im Mittelbül seit Jahren durchschnittlich 50 Fm. Wind- und Krebsbrüche alljährlich gefällt[2]). Man sieht deshalb an dem Vorwuchs daselbst zahlreiche überwallte Beschädigungen, was ich zum Theil auch an den mit Krebs behafteten Stämmchen gewahrte. Auffallend war, dass von jenen Pflanzen mit Schaftkrebs eine Anzahl zugleich Astbeulen ganz in der Nähe des Schafts zeigten. Von jenen 22 jungen Tannen hatten 13 nur Stammkrebs, 5 ausserdem je einen, 3 je 2 und 2 je 3 Astkrebse und eine einen Stammkrebs nebst 2 in solchen übergehende Astbeulen. Die Anzahl der nur mit Astbeulen (je 1 oder mehrere) nebst Hexenbesen behafteten Pflanzen war sehr bedeutend, namentlich bei solchen Pflanzen, die ihren Mitteltrieb verloren hatten und an denen ein Seitentrieb im Begriff stand, die Rolle des Gipfeltriebs zu übernehmen; ich habe auch seither die Beobachtung gemacht, dass Hexenbesen gerade an den obersten Gipfelzweigen solcher jungen Tannen mit abgebrochenem Gipfeltrieb auffallend häufig sind.

Auf Grund der vorstehenden Ausführungen will ich nun zwar keineswegs behaupten, dass, im Gegensatz zu Weise's Annahme, eine Wundstelle an Schaft oder Ast zur Krebsansteckung unbedingt erforderlich ist, allein man wird sich der Schlussfolgerung nicht entziehen dürfen, dass das Zusammenfallen der Orte häufiger Krebsansteckung mit denen häufiger Beschädigung geeignet ist, einen inneren ursächlichen Zusammenhang zwischen beiden Erscheinungen für viele Fälle als wahrscheinlich zu erklären.

Nun können aber Verwundungen nicht blos an der Rinde §. 10.
von Schaft und Aesten, sondern auch den Knospen, den jungen Trieben, sowie den ausgebildeten Nadeln entstehen. Im Schwarz-

[1]) a. a. O. S. 16, 25.

[2]) Hier war es auch namentlich, wo ich bei der Fällung von Probestämmen deren grosse und kleine Verletzungen am Vorwuchs näher untersuchte.

wald hatte ich angenommen, dass das so sehr häufige Auftreten von Hexenbesen in nächster Nähe der Endknospen eines Haupt- oder Seitenzweigs durch eine Verletzung dieser Knospen selbst, wenn nicht ihrer nächsten Umgebung, eingeleitet sei. Solche Verletzungen können thatsächlich durch Rehverbiss, Fällungsbetrieb, wie durch Insekten eintreten. Unter den die Weisstanne bedrohenden Insekten sind hier wohl nur Tortrix (Grafolita) nigricana im Aufwuchs und Tortrix murinana sowie Steganoptycha (Tortrix) rufimitrana H. S. im Stangen- und Baumholz zu befürchten. Ersterer Wickler frisst die Knospen aus[1]), die beiden andern nagen die Nadeln und die Rinde der jungen Triebe ab[1]). Eine Massenvermehrung des Weisstannentriebwicklers (murinana) wurde bis jetzt zwar blos in den Forsten von Nieder-Oesterreich, Mähren und Schlesien beobachtet[2]); Tortrix rufimitrana aber ist auch bei uns in Württemberg sehr häufig; ich beobachtete diesen Wickler 1890 im Schwarzwald oft. Auf der Versuchsfläche Jägersteig im Revier Aalen fand ich im September 1890 gerade die schönsten vorherrschenden Stämme sehr stark benagt. Als ich im Juni 1892 die 1890 von mir aufgenommenen Tannenversuchsflächen gelegentlich wieder besuchte, fand sich, dass der Frass auf der Versuchsfläche Jägersteig ganz ausgeheilt war. Der Wickler war aber wenige hundert Meter westlich gewandert. Das Frassgebiet war grösser und ich sah die Räupchen in voller Thätigkeit (übrigens nicht blos im Stangenholz, sondern auch in der unmittelbar anstossenden Tannenkultur). Ueber nigricana fehlen mir nähere Beobachtungen. Im Revier Hirsau[3]) war der Frass von rufimitrana von 1877 an 6 Jahre lang so bedeutend, dass jährlich mehrere Hundert Fm. vorherrschender Stämme wegen völliger Gipfeldürre in Folge des Frasses gehauen werden mussten. Forstadjunkt Dr. Fankhauser in Bern giebt auf Seite 132 der v. Tubeuf'schen Forstlich-naturwissenschaftlichen Zeitschrift von 1893 in einem Aufsatz über das starke Auftreten der Tannentriebwickler in einem erheblichen Theil der Schweiz während des

[1]) Vgl. Altum: „Waldbeschädigung durch Thiere". Berlin, Springer 1889. S. 270, 271 und Hess: „Forstschutz". 2. Aufl. Teubner, Leipzig 1890. S. 109.

[2]) Vgl. Oberförster Wachtl: Der „Weisstannentriebwickler". Wien 1882.

[3]) Vgl. den Aufsatz vom † Oberförster Hepp in Hirsau „der Weisstannenwickler" im Baur'schen Blatt 1883 S. 317.

Mai und Juni 1892 bekannt, dass schon vor dem Abfall der Knospenhüllen das erste Stadium des Frasses innerhalb der Knospen stattfinde und dass dieser nach Beseitigung der Deckschuppen als schmaler brauner Strich zu erkennen sei, der sich von der halben Länge der Knospe gegen deren Spitze fortsetze. Fankhauser hält es deshalb für möglich, dass der Falter mit dem Eileger zwischen den Deckschuppen der Tannenknospen eindringe und unmittelbar in diese seine Eier ablege. Diese Annahme Fankhauser's erscheint sehr beachtenswerth und die nach Sprengung der Knospenhüllen durch die Frassverletzung geschaffene Gelegenheit zur Ansteckung durch den Krebspilz wird wohl nicht zu unterschätzen sein.

Weise[1]) spricht sich für die Ansiedlung des Aecidium elatinum §. 11.
nur an der Knospe aus und zwar blos im Zustand der ersten Entwicklung; er schliesst zwar nicht ausdrücklich aus, dass Verletzungen dieser Maitriebe jene Ansteckung unter Umständen fördern, hat aber offenbar solche Verwundungen auch nicht in's Auge gefasst. Allerdings bin ich mit Weise ganz einverstanden, wenn er die de Bary'sche Vermuthung der Ansteckung an der gesunden Rinde für nicht wahrscheinlich[2]) erklärt, ebenso damit, dass die Ansteckung durch die Nadel ausgeschlossen ist, denn die auf den gerade erst entstandenen Krebsbeulen aufsitzenden Nadeln sind stets frei vom Krebspilz. Wie auch Weise a. a. O. S. 7 hervorhebt, müsste eine solche Nadel andernfalls dasselbe Aussehen zeigen, wie die so wesentlich verunstalteten und bleichsüchtigen Nadeln des Hexenbesens. Ein solcher Fall ist aber noch nie bekannt geworden und deshalb ganz ausgeschlossen, weil derselbe so leicht wahrzunehmen wäre. Die Darstellung von Forstmeister Koch[3]) auf der Versammlung des elsass-lothringischen Forstvereins zu Kaysersberg im Jahre 1887 sowie zum Theil in seiner Abhandlung vom Jahre 1891[4]) trifft also offenbar nicht das Richtige.

---

[1]) a. a. O. S. 5—8.

[2]) Sollte de Bary diese Ansicht später aufgegeben haben? Forstmeister Koch sagte in Danckelmann's Zeitschrift 1891 S. 264: de Bary habe ihm gegenüber „geäussert, dass die Sporen von Aecidium elatinum wahrscheinlich nur auf den Nadeln und den in der Entwicklung begriffenen Knospen keimen könnten und dass das Mycel von hier aus in die Cambialschicht weiter wuchere, dass aber ein Eindringen des Pilzes von der Rinde aus wahrscheinlich nicht stattfände".

[3]) Versammlungsbericht S. 43.

[4]) Danckelmann'sche Zeitschrift 1891 S. 266.

Man findet zwar ganze Zweige, die vom Krebsknoten an ein etwas blasseres Aussehen haben[1]), ohne Hexenbesen zu sein, aber, wie gesagt, nie einzelne mycelbehaftete Nadeln auf der jungen Beule.

Was nun aber die Beweisführung Weise's zu Gunsten der Krebsansteckung an den (wohl unverletzten?) Knospen und sich entfaltenden Trieben anlangt, so scheint mir dieselbe keine zwingende zu sein, wie er auch nicht nachgewiesen hat, dass eine Verwundung als Ursache der Ansiedlung in Wirklichkeit entbehrlich sei. Er sagt bezüglich der gesunden Rinde[2]): „Würde eine jede Stelle des jungen Triebes oder gar noch jede der 2 oder 3jährigen Zweige die Infektion ermöglichen, so müsste eine Massenerkrankung in ganz anderem Massstabe wie jetzt erfolgen.“ Nun fällt es mir auf, dass Weise einen entsprechenden Schluss nicht auch an seine Annahme der Ansteckung durch die Knospe geknüpft hat. Er sagt a. a. O. S. 8: „es bleibt also thatsächlich nur die Knospe, und wenn wir diese als Thor der Infektion bezeichnen, so erklärt sich, dass nur eine Erkrankung in mässiger Ausdehnung erfolgen kann, und das um so mehr, als noch Alles darauf hindeutet, dass nur die Stadien der ersten Entwicklung in der Knospenanlage dem Angriff unterliegen“. Die Zahl der Angriffspunkte ist hier allerdings ungleich geringer, aber eine Massenerkrankung sowohl am einzelnen Stamm als im ganzen Bestand wäre hierdurch keineswegs ausgeschlossen, vielmehr sehr wahrscheinlich. Einerseits stehen auch dann, wenn die Empfänglichkeit der sich streckenden Knospen nur wenige Tage betragen würde, hunderttausende im vollen Licht- und Luftgenuss befindliche Knospen gleichzeitig im nämlichen Entwicklungszustand, andererseits müssen wir annehmen, dass zur Zeit der Aecidienentleerung von Ende Mai[3]) bis Mitte, höchstens Ende Juni die Luft

[1]) Hieran erkannte ich im Grossholz u. s. w. oft schon von Weitem die Anwesenheit junger Hexenbesen, die mir wegen des Winterzustands sonst vielleicht entgangen wären.

[2]) a. a. O. S. 7.

[3]) Hartig's Angabe (S. 154) für Ende August bezieht sich vielleicht auf das Gebirge. In Württemberg tritt das Stäuben 1—3 Monate früher ein. In der Umgebung von Baden-Baden beobachtete ich 1891 das Stäuben der Sporen in 150 bis 500 m Meereshöhe zum Theil schon Ende Mai. Oftmals war der Entwicklungszustand der Spermogonien an einem und demselben Hexenbesen ein sehr verschiedener. Im Revier Herrenalb fand ich im Sommer 1890 den Schluss der

mit Sporen erfüllt ist. Unter dem sog. Schwefelregen, der den Blüthenstaub bei Gewittern u. s. w. aus der Luft niederschlägt, befinden sich um diese Zeit gewiss zahllose Aecidiensporen, und wie weit dieselben vom Wind fortgetrieben werden, beweist die überall wahrzunehmende Krebsansteckung auf Stunden hin vereinzelt stehender Tannen. Bedenkt man, dass in den aus mittleren Luftschichten fallenden Hagelkörnern oft Sand gefunden wird und sogar Schwefelkieskrystalle in denselben vorkamen, die nur aus weit von dem betreffenden Fundort entfernten Gegenden durch die Luft dahergetragen sein konnten, um wie viel leichter werden solche Sporen, die im Wasser niemals untersinken[1]) und von denen jeder Hexenbesen Millionen enthält, schon von dem täglich aufsteigenden Luftstrom bis zu den grössten Entfernungen fortgeführt. Die von Weise als grosse Ausnahme angeführte Erscheinung, dass eine 6 m hohe Tanne im Murgthal über 30 Hexenbesen[2]) trug, wäre angesichts des ziemlich gleichzeitigen Austreibens der Knospen, wenigstens bei jüngeren Tannen, wohl eine alltägliche. Daraus, dass dies eben nicht der Fall ist, schliesse ich, dass auch dann, wenn die Ansteckung wirklich nur an den sich streckenden Maitrieben erfolgen sollte, immer noch ein besonderer Vorgang, also z. B. eine Verwundung, an denselben erforderlich ist, um den zu fraglicher Zeit schon jedenfalls in Menge vorhandenen Aecidiensporen den Eingang zu gestatten.

Ausserdem neige ich nicht zu der Weise'schen Ansicht[3]), „dass einzelne Bäume für den Krebs besonders disponirt erscheinen“ und zwar trotz jener Tanne im Eckkopf. Aehnliche Ansichten sind auch schon bei anderen Pilzkrankheiten ausgesprochen worden, z. B. bei Chrysomyxa abietis an der Fichte. R. Hartig[4]) §. 12.

Flugzeit der Sporen (500 m über Meer) Ende Juli. Im Revier Adelberg in 250 bis 500 m Meereshöhe fanden sich bereits Ende Mai 1893 vollständig entleerte Aecidien. Das Verstäuben der Sporen war Mitte Juni schon gänzlich beendigt.

[1]) v. Thümen a. a. O. S. 300.

[2]) Dieselben waren verschiedenjährig. Selbst Weise bezeichnet (S. 7) die Einzelansteckung als Regel, zwei Ansteckungen an derselben Pflanze aus einem Jahr als nicht häufig und mehr gleichzeitige Ansteckungen an einem und demselben Baum als eine seltene Ausnahme, was alles auch mit meinen Beobachtungen stimmt.

[3]) a. a. O. S. 4.

[4]) a. a O. 2. Aufl. S. 150.

sagt aus diesem Anlass in seiner offenen Weise: „Derartige Erscheinungen haben bei den Laien oft genug den Glauben erweckt, als hänge die Pilzerkrankung von einer krankhaften Prädisposition der Fichtenindividuen ab.“

Zum Abschluss dieser Erörterung sei hier noch eine Uebersicht über eine kleine Sammlung junger Hexenbesen aus den verschiedensten Landesgegenden beigefügt. Dieselbe besteht aus 81 Hexenbesen; hiervon sind 36 einjährig, 38 zweijährig und 7 dreijährig und zwar befinden sich von diesen 81 Hexenbesen 11 Stück am Schaft, wovon 6 wiederum am Gipfel; die übrigen 70 fanden sich auf Zweigen. Von diesen 70 Stück hatten sich 51 = nahezu $^3/_4$ in nächster Umgebung der Endknospen angesiedelt, die andern 19 mehr oder weniger in der Mitte jüngerer Triebe. Ferner fanden sich hierunter 18 Hexenbesenzweige, in welchen das Mycel dem Jahrestrieb nur bis zu einer gewissen Grenze folgte, so dass diese Triebe von da an alle Eigenschaften gesunder Triebe zeigten. Von 55 Zweigen, die darauf untersucht werden konnten, hatten an der Spitze der Triebe als Hexenbesen ausgeschlagen (die regelmässige Zahl der Zweigendknospen ist bekanntlich 3) an 6 Stück je 1 Knospe, an 16 Stück je 2, an 18 Stück alle 3 und an 15 Stück mehr als 3 Endknospen. Letzteres kommt namentlich im Grossholz auch bei ganz gesunden Tannen häufig vor, ebenso hier im Revier Adelberg. Sodann trifft es sich auch oft, dass aus einer und derselben Krebsbeule Hexenbesen verschiedenen Alters ausschlagen.

§. 13. Wir kommen nun zu der Frage, ob der Weisstannenkrebs eine Dauersporenform besitzt, ob also zur Vollendung des Formenkreises von Aecidium elatinum eine andere Nährpflanze als die Weisstanne nöthig ist, oder nicht. de Bary[1]) sagt darüber: „So lange nicht das Gegentheil erwiesen ist, muss[2]) angenommen werden, die Keimschläuche des Aecidium elatinum dringen in die Spaltöffnungen der Nährpflanze ein und entwickeln in dieser Teleutosporen, mit oder ohne Uredo. Und da auf der Weisstanne keine Uredineenteleutosporen vorkommen, muss ferner angenommen werden, dass Aecidium elatinum dem Formenkreise einer metöcischen Art ange-

[1]) a. a. O. S. 264.

[2]) Wegen des Fehlschlagens der Keimungsversuche auf der Tanne selbst.

hört." v. Thümen dagegen meint 1881[1]), „auch ist es nicht unbedingt nothwendig, dass überhaupt eine Teleutosporenform existire, da, seines perennirenden Myceliums wegen, dem Parasiten auch ohnedem seine Kontinuität gewahrt bleibt". In welcher Weise dies von Stamm zu Stamm geschehen soll, wird hier leider nicht angegeben. Auch nimmt von Thümen noch auf derselben Seite den Gedanken an eine Teleutosporenform auf anderer Nährpflanze wieder auf.

Der Autorität eines de Bary folgend, wurde denn auch seit dessen Untersuchung des Weisstannenkrebses eifrig, aber bisher stets erfolglos, nach jener zweiten Wirthspflanze gefahndet. Eine solche zu sein, standen im Verdacht[2]) Salix caprea, Sorbus Aria, Alchemilla vulgaris, Senecio viscosa, Epilobium angustifolium, nach einer Mittheilung Robert Hartig's früher auch eine Tussilago-Art. Von all diesen Pflanzen fand ich übrigens in der Nähe von Weisstannenwaldungen keine in auffallender Häufigkeit. Wohl aber giebt es ausgedehnte Tannenwaldungen, in deren Nähe die erwähnten Pflanzen selten sind, wo ich aber trotzdem keine geringere Krebshäufigkeit wahrnahm. Es ist mir nicht bekannt, ob mit der auf den so verbreiteten Heidelbeerstauden vorkommenden Rostpilzform Melampsora Vaccinii Versuche über einen Zusammenhang mit Aecidium elatinum angestellt wurden. Aber der Gedanke an eine häufigere, in Weisstannenwaldungen fast überall stark vertretene Pflanze, wie die genannte, sollte doch wohl am nächsten liegen.

Nun bezweifelt neuerdings Weise[3]) das Vorhandensein einer Zwischenform des Pilzes ganz. Seine Gründe hierfür sind: 1. Es sind die Zwischenglieder viel seltener auftretender Rostpilze, wie Calyptospora Goeppertiana und Aecidium columnare längst entdeckt; es muss deshalb geradezu unbegreiflich erscheinen, wenn eine etwa vorhandene Zwischenform von Aecidium elatinum übersehen sein sollte. Hierzu ist zu bemerken, dass das Ausbleiben einer solchen Entdeckung während 25 Jahren hervorragender Fortschritte auf mikroskopischem Gebiet allerdings vordächtig ist, dass jedoch ein Beweis für das Nichtvorhandensein hierin noch nicht

---

[1]) a. a. O. S. 307.

[2]) Vgl. S. 44 des Berichts über die früher erwähnte Forstversammlung zu Kaysersberg.

[3]) a. a. O. S. 9.

gefunden werden kann. Sind doch von jeher manche bedeutende Entdeckungen oft weniger durch langes Nachforschen, als durch zufälliges Zusammentreffen an's Tageslicht getreten. 2. Die sparsame, aber bemerkenswerthe Gleichmässigkeit des Auftretens von Hexenbesen den einzelnen Jahren nach. Diese Gleichmässigkeit müsste schon durch eine Zwischenform auf einem anderen Wirth gestört werden, indem Aussetzen und Hochfluth der Ansteckung in einzelnen Jahren abwechseln müssten; ferner die gleichzeitig zutreffende Mässigkeit der Ansteckung. Auch hier vermag ich nur theilweise beizustimmen. Einmal müsste die behauptete Gleichmässigkeit und Mässigkeit des Auftretens der Hexenbesen an den verschiedensten Orten, und nicht blos in Kulturen, sondern auch in Stangen- und Baumhölzern zahlenmässig wirklich näher nachgewiesen werden, was nicht so leicht ist. Zum andern käme es ganz auf die Natur und Verbreitung der zweiten Wirthspflanze an, auf die Menge der von ihr etwa hervorgebrachten Sporidien und die Dauer ihrer Ausstreuung und Keimfähigkeit. Wäre eine Rinden- oder Knospenverletzung die unerlässliche Voraussetzung der Ansteckung, so möchten noch so viele Sporidien fliegen, ohne dass eine Hochfluth von Hexenbesen entstände, wenn nur eine beschränkte Zahl von Verletzungen vorläge.

Offenbar ist ein abschliessendes Urtheil in dieser Frage noch nicht am Platze, und Professor Kirchner hat gewiss Recht, wenn er mir unterm 8. Februar 1892 schreibt, er hielte es für wünschenswerth, die Ansteckung der Weisstanne durch Aecidiensporen selbst von Neuem zu versuchen. Dieser Versuch, glaube ich, müsste einer Anzahl verschiedener äusserer Bedingungen genügen; er wäre an jungen Trieben, an künstlichen Verletzungen von Knospen und junger Rinde anzustellen. Ein wirkliches Gelingen umsichtig angestellter Versuche wäre erst ein vollgiltiger Gegenbeweis, wie de Bary ihn fordert.

§. 14. Gleichzeitig könnte übrigens die weitere Probe angestellt werden, ob eine Uebertragung der Krebskrankheit zuerst auf Abies pectinata selbst, dann auf andere Tannenarten durch Aufpfropfen angesteckter Rinde nicht möglich ist. Das wäre gewiss auch ein Fortschritt, und wenn er gelänge, einfacher, als wenn man darauf angewiesen ist, wie bisher, abzuwarten, bis wieder einmal ein Hexenbesen auf einer ausländischen Tannenart entdeckt wird.

Beiderlei Versuche habe ich im Mai 1892 in den Revieren Aalen und Königsbronn, im Mai 1893 im hiesigen Revier angestellt. Auf den weichen Maitrieben schabte ich die Epidermis theils in der Nähe von Knospen, theils in der Zweigmitte sorgfältig ab; mit der Lupe zeigten sich hierbei alsbald die ausfliessenden Terpentintröpfchen, die an der Luft milchig wurden. Unmittelbar nach dieser leichten Verletzung stäubte ich sofort geschnittene Hexenbesen reichlich auf den entblössten Stellen aus. Die von Königsbronn auf meine Bitte im December 1892 abgeschnittenen und mir übersandten fraglichen Zweige liessen keinerlei Erfolg des Ansteckungsversuchs erkennen; die Wunden waren vielmehr in ganz normaler Weise geheilt. Von Aalen erhielt ich die erbetene Sendung nicht; das Ergebniss war vermuthlich kein besseres. Im hiesigen Revier konnte ich die Ansteckung etwas sorgfältiger ausführen, als dort auf den Versuchsreisen; namentlich klebte ich hier die an künstlichen Verletzungen junger Tannenschäfte (Kulturen) aufgebundenen entsprechend grossen Stückchen aus frisch geschnittenen Hexenbesen mit Baumwachs alsbald zu. Ein Urtheil über den Erfolg lässt sich jetzt (Winter 1893/94) bezüglich der Aufpfropfung noch nicht endgiltig abgeben; bei zwei der Pfropfversuche hat es zunächst den Anschein, als ob sie gelungen und zwei Krebsbeulen im Entstehen begriffen wären (je an einem Gipfeltrieb). Der Stäubungsversuch scheint aber auch diesmal vergeblich gewesen zu sein.

Gehen wir nun zur Betrachtung der Wachsthumsvorgänge in der Krebsbeule über, so ist zu unterscheiden: 1. der Einfluss des Mycels auf den Bau der Jahrringe, 2. die Art der Ausbreitung des Mycels. §. 15.

In ersterer Beziehung wurde schon von de Bary festgestellt, dass die mit dem Mycel behafteten Gewebe nicht blos im Hexenbesen, sondern namentlich auch in der Krebsbeule selbst ein ungewöhnliches Maass von Breite annehmen können. Zwischen den Zweigen des Hexenbesens und der Beule am Ast, wie am Stamm besteht indess der Unterschied, dass die Jahrringe in den Hexenbesenzweigen zwar sehr breit sind, aber einen meist ganz gleichmässigen Verlauf nehmen, während in den Beulen eine grosse Ungleichmässigkeit der Jahrringbildung ausnahmslose Regel ist. Dies ist sogar so bezeichnend, dass man hieran das gesunde und kranke

Holz namentlich im frischen Zustande sofort unterscheiden kann; bei älteren Scheiben fällt dies zuweilen weniger leicht, indem hier das etwas dunklere, häufig auch in Fleischfarbe übergehende Aussehen des Krebsholzes mehr zurücktritt und die zuvor ganz scharfe Grenze des gesunden und kranken Holzes auch auf dem Querschnitt weniger sicher erscheint. Bei Krebsbeulen am Stamm, welche einseitig sind oder erst später ganz umläufig wurden, lässt sich die Grenze zwischen gesundem und krebsigem Holz auf's schärfste dadurch feststellen, dass man 3—4 mm dünne Schnitte herstellt und dieselben gegen die Sonne hält. (Auch eine Lampe genügt schon.) Das gesunde Holz scheint dann sehr schön orangefarbig durch, während das kranke ganz dunkel bleibt. Vielleicht ist dies eine Folge grösseren Terpentingehalts im gesunden Holz. Bei den nämlichen Krebsbeulen fällt es stark auf, dass die übermässige Breite der erkrankten einen Seite offenbar auf Kosten der entgegengesetzten gesunden zur Entstehung kommt. Die Jahrringe auf der ersteren Seite sind dann oft 4—5 mm breit, während sie auf der letzteren in den Schichten von gleichem Alter kaum mehr mit blossem Auge zu erkennen sind. Solches ist meist unmittelbar ober- und unterhalb der Stammbeule ebenfalls sehr deutlich zu erkennen. Hierdurch erhält die Gestalt des Stammes auch ausserhalb der Krebstheile bis zu einiger Entfernung von denselben eine unregelmässige Form, flache Rinnen, deren Axe ausserhalb des Stammes liegt, oder völlig ebenen Mantel mit auf dem Querschnitt geradliniger Mantellinie, wie bei Figur 23 auf Tafel VIII. Eigenthümlich ist das zuweilen vorkommende Auftreten gesunder Strahlen in das krebskranke Holz hinein und das ungleich häufiger auftretende völlige Aussetzen der Jahrringbildung. In Verbindung mit den gleichzeitig erscheinenden falschen Jahrringen erhält das Holz dann das Aussehen ausgesprochenen Maserwuchses. Auch die anatomische Untersuchung bestätigt dies, indem man auf dem Querschnitt leicht die Längsansicht von Tracheiden bekommt und umgekehrt, was schon von de Bary hervorgehoben ist.

§. 16. An diesen Erscheinungen mag der Frass der Raupe von Sesia cefiformis[1]) und der Larve von Pissodes piceae[2]) da und dort Einiges

[1]) Vgl. Altum: „Waldbeschädigungen durch Thiere". Berlin 1889, S. 273; Hess „der Forstschutz", 1. Bd. 2. Aufl. Leipzig 1890, S. 334.

[2]) Vgl. Altum a. a. O. S. 271 und Hess a. a. O. 2. Bd. S. 109.

beitragen. Erstere beschränkt sich auf die innersten Bastschichten der starken Stammbeulen, letztere siedelt sich mit Vorliebe unmittelbar unter den Quirlästen gesunder älterer Stämme in ähnlicher Weise an, während befallene Stangen schon vorher krank sind. Schon dadurch ist eine gewisse Beschränkung gegeben, auch ist die Verbreitung eine offenbar sehr ungleiche. Man kann viele, grosse Stammkrebse in Scheiben zerschneiden, bis man ein Frassloch findet oder überwallte Stellen, welche auf solche vermuthlich zurückzuführen sind, da die Rinde im Uebrigen noch ganz erhalten ist. An einzelnen Stämmen dagegen zeigen sich Frassstellen mit braunem Koth erfüllt in Mehrzahl und in einer Ausdehnung bis zu mehreren Centimetern. Schon dadurch war Ratzeburg's Annahme hinfällig, nach der jene Sesie die Urheberin der Krebsbeulen gewesen wäre. Weise sagt allerdings[1]), die Zahl der bewohnten Krebse sei grösser, als man es vor Anstellung bezüglicher Untersuchungen sich vorstellen konnte. Auch ich fand unter den Hunderten von Stammkrebsen jeder Höhe über dem Boden, die ich an frisch gefällten Stämmen während meiner von April bis October ausgedehnten Dienstreise selbst mit einem kleinen Handbeil entrindete, sehr viele bewohnte. Die Bewohner waren aber, wie früher schon erwähnt, grosse und kleine deckellose Schnecken in Menge und Tausendfüssler. Dagegen fand ich nie eine Raupe und nur in einem einzigen Fall 2 Larven, die wohl von Pissodes piceae herrührten. Da ich früher ein eifriger Schmetterlingsjäger war und auch während des Sommers 1890 viele Insecten sammelte, die mir im Walde begegneten, so hätte mir, selbst wenn ich mich nicht darum bemüht haben würde, das Vorkommen schädigender Insekten in den Krebsbeulen auffallen müssen. Während ich aber z. B. massenhaft Sirex gigas in den Tannenbeständen antraf, zeigte sich jene angeblich so schädliche Sesie auch nicht ein einziges Mal. Dagegen fand ich in den Frasslöchern wiederholt Theile, namentlich Flügel, ausnahmsweise auch ganz erhaltene Vertreter eines Zweiflüglers, den Herr Oberforstrath Dr. v. Nördlinger als Sargus metallicus zu bestimmen die Güte hatte. Da dieses Insekt nur von Säften lebt, so durfte es von der Mitschuld an den Frasslöchern freigesprochen werden. Herr Forstmeister Prescher

[1]) a. a. O. S. 23.

in Heidenheim, der früher 14 Jahre lang das Revier Herrenalb bewirthschaftete, sagte mir, und ermächtigte mich, hiervon Gebrauch zu machen, dass er während dieser ganzen Zeit nur äusserst wenige Sesien gefunden habe und dieselben als eine wirkliche Seltenheit bezeichnen müsse.

Ich selbst sah die Sesia cefiformis bis jetzt nur in Sammlungen, erhielt auch bisher keine einzige, obgleich ich für jedes Stück, das mir von meinen 5 Forstwarten und 150 Holzhauern gebracht würde, 2 Mark versprochen hatte[1]).

Nach diesen Mittheilungen, die sich auf ein recht umfangreiches Gebiet von Württemberg erstrecken, glaube ich davor warnen zu müssen, dass der Einfluss von Insekten, wenigstens jener Sesie und des Pissodes, überschätzt werde. Da deren Schaden nur an älterem Holz und grossen Stammbeulen sich geltend macht, so können beide Insektenarten das schon erheblich gewordene Uebel nicht mehr in bedenklicher Weise vergrössern. Deshalb möchte sich das von Altum[2]) empfohlene Anstreichen der Krebsbeulen mit Raupenleim und dergl. im ersten Frühling wohl nur in einzelnen Fällen empfehlen, wo die Sesie vielleicht ausnahmsweise stärker auftritt und die Axt dem Krebsübel nur zum kleinen Theil abzuhelfen vermag.

Die Fluglöcher der Insekten bieten den Einflüssen der Witterung und der Ansiedlung der Sporen von Polyporus fulvus allerdings Angriffspunkte, aber sie sind das geringere Uebel. Die verhängnissvolle Loslösung der übermässig verdickten Krebsrinde vom Holzkörper aber erfolgt, namentlich bei einseitigen Krebsen, oft schon zu einer Zeit, wo dies äusserlich schlechterdings nicht wahrnehmbar ist und auf viel grösseren Flächen, als die Frasslöcher der besprochenen Insekten einnehmen. An dem in Figur 15 auf

[1]) Während des Drucks dieser Schrift wurde mir eine Larve der Kamelhalsfliege (Rafidia notata, vergl. Razeburg „Forstinsecten" S. 250) aus einer Krebsbeule überbracht. Ich begab mich am andern Tag, den 10. Februar 1894, an den Fundort, einen 50—60jährigen, an Krebsstämmen auffallend reichen, Tannenbestand (Staatswald Ziegelhau des Reviers Adelberg) und fand nach langem Suchen bei Entrindung einer Anzahl von Krebsbeulen (behufs Antheerung derselben — vergl. den letzten Abschnitt dieser Schrift) nicht nur an einem andern Stamm ebenfalls eine Rafidialarve, sondern auch in einer dritten Beule eine lebende Raupe der längst vermissten Sesia cefiiformis.

[2]) a. a. O. S. 273.

Tafel VI und in Figur 1—4 auf Tafel 1 dargestellten, noch nicht ganz umläufigen Stammkrebs aus Weiherschlag war äusserlich in keiner Weise wahrzunehmen, dass die Rinde nur noch theilweise an den Holzkörper anschliesse. Beim Zersägen desselben in Parallelscheiben fiel ein grosser Theil der Krebsrinde trotz sehr vorsichtiger Bearbeitung ab und es fand sich, ohne dass Frassstellen von Insekten sich entdecken liessen, dass diese Loslösung, die nur durch den äusseren Zusammenhalt der Rinde noch verborgen geblieben war, schon vor 4 und 6 Jahren ihren Anfang genommen hatte. Darüber, wann diese Trennung zu beginnen pflegt, kann ein allgemein giltiger Aufschluss nicht ertheilt werden; man findet sie an umläufigen, wie einseitigen, an jüngeren und älteren, an schwach und an stark aufgetriebenen Krebsen vollständig herrschender, wie nahezu unterdrückter Stämme. Es lässt sich nur so viel sagen, dass die Wahrscheinlichkeit jener Losschälung mit dem Alter nicht etwa des Stamms, sondern des Krebses selbst rasch zunimmt.

Die Erklärung für diese Trennung von Krebsholz und Krebs- §. 17. rinde ist wohl weniger in physiologischen, als mechanischen Vorgängen zu suchen. Je reichlicher die Ernährung des Cambiums ist, desto stärker schwillt die Beule an. Ist die Baumkrone auf einer Seite kräftiger entwickelt, so wird auf dieser im Allgemeinen auch eine bessere Ernährung des Cambiums im Stammkrebs stattfinden. Dies hat dort eine kräftigere Anschwellung der Beule zur Folge, die bei umläufigen Krebsen oft die wunderlichsten Querschnitte zeigt. Solches ist aber wieder nicht möglich, ohne dass auf kleinem Raum die Spannungszustände der Rinde grossem Wechsel unterliegen, und es bedarf vielleicht nicht besonders starker Luftbewegung, um innere Zerklüftungen zu erzeugen, die, einmal begonnen, sich rasch weiter ausbreiten. Hierin liegt dann der Anfang des Verderbens. Die Rinde wird mürbe, bröckelt ab und die Zersetzung des blosgelegten Holzkörpers durch die Witterungseinflüsse, oft auch durch den Angriff unmittelbar zerstörender Pilze ist eingeleitet, sobald das in diesem Zustand reichlich ausgeschiedene Terpentin seinen Schutzzweck nicht mehr ausreichend zu erfüllen vermag. Derartige Zustände der Rindenspannung können aber auch durch die Wechselwirkung zwischen Rindendruck und Holzzuwachs verursacht werden, wenn die Rinde früh tief rissig wird. Letzteres ist nach de Bary[1]) „an nicht ganz jungen Exemplaren" der Fall. Ich habe dieselbe aber auch schon an jungen und ganz kleinen Stämmchen häufig beobachtet; z. B. bei der in Fig. 2 auf Tafel I abgebildeten, nur 42 cm hohen Tanne zeigten sich tiefe Risse und eine weitgehende Loslösung des verdickten Rindenkörpers. Jene übermässige Anschwellung der Krebsrinde, wie sie z. B. bei Fig. 17a auf Tafel VI zu beobachten ist, muss wohl auf eine sehr gesteigerte Thätigkeit des reichlich ernährten Cambiums zurückgeführt werden. Wegen der, vom Krebsmittelpunkt aus betrachtet, raschen Verjüngung des Beulenquerschnitts nach oben und unten und durch das theilweise Aussetzen der Jahrringbildung ist die Entstehung massiger Rindenleisten begünstigt, die gegen die Mitte der Beule hin an Breite immer mehr zunehmen und auf ihrer Oberfläche die Gestalt von Kugelzweiecken besitzen. Bei fortwährend gesteigertem Wachsthum erscheinen die zwischenliegenden Risse immer tiefer und da die Grundflächen jener Leisten stetig wachsen, so bildet sich schliesslich jene prismatische oder pyramidenförmige Borke, wie sie in Fig. 5 auf Tafel II dargestellt ist. Gerade derartige tiefrissige Borkenbildungen pflegen sehr lange mit dem Holzkörper in engster Verbindung zu stehen. Die saftstrotzende Berührungsfläche von schön fleischrother Farbe besteht aus lauter wellenförmigen kleinen Vertiefungen und Erhöhungen, welchen die Gestalt des Rindenkörpers genau entspricht. Hier ist nun der Druck des Rindenmantels offenbar ein höchst verschiedener: sehr stark unter den pyramidenförmigen Verdickungen, um so geringer an der Berührungsfläche jener tiefen Furchen.

Nach allgemein physiologischen Gesetzen entspricht diesem Wechsel des Rindendrucks auch ein solcher des Holzzuwachses[2]). In sehr ausgeprägter Weise zeigt sich dies bei Fig. 17a auf Tafel VI; der Querschnitt durch die Mitte des Stammkrebses hat hier in Folge der prismatischen Borkebildung sternförmige Gestalt. An den Einschnitten fand vermehrter Holzzuwachs statt, gegenüber den Vorsprüngen eine starke Verminderung desselben. Unmittelbar

---

[1]) a. a. O. S. 258

[2]) Vgl. z. B. R. Hartig bei der Lehre über die Verwundungen a. a. O. S. 198 und 202 f.

oberhalb und unterhalb der Krebsbeule hatte der Stamm durchaus koncentrische Jahrringbildung, wie sie völlig gesunden Stammaxen zukommt.

Erstreckt sich die Bloslegung des Holzkörpers in Folge Abtrennung der Rinde auf keine zu grossen Flächen, so tritt leicht eine Ueberwallung derselben ein, wie sich solche auf zahlreichen Querschnitten durch Krebsbeulen, z. B. auch bei Figur 17c auf Tafel VI nachweisen lässt. Andernfalls vermag auch eine jahrelang fortgesetzte Ueberwallungsthätigkeit, wie solche aus Figur 3 auf Tafel VI ersichtlich ist, nur den Zeitpunkt des Verderbens weiter hinauszuschieben, denn sie geht vom krebskranken Holz aus, das den Keim der Zerstörung in sich trägt.

Die Art und Weise der Ausbreitung der Mycelfäden von §. 18.
Aecidium (Peridermium) elatinum ist von dem obersten Gesetz beherrscht, dass dieselbe nur mit Hilfe des lebensfähigen Kambiums vor sich geht und eine äusserst langsame ist. Dies schliesst einerseits aus, dass blosgelegte grössere und deshalb leicht vertrocknende Wundflächen, wie sie z. B. beim Anrücken von Stämmen am Fuss der Bäume entstehen, der Ansteckung durch den Pilz ausgesetzt sind. Andererseits steht nichts im Wege, dass kleinere, rasch überwallende Verwundungen bei sofortiger Besetzung mit Sporen (bzw. Sporidien) des Krebspilzes das sich aus denselben entwickelnde Mycel in das Cambium des überwallenden Wundrands aufnehmen. Dieses Mycel, das ja dauernd ist, vermag dann von der Wunde aus von Jahr zu Jahr den Stamm oder Zweig weiter zu umfassen. Dass das Fortschreiten der Krebsansteckung in der Regel einen solchen Verlauf zeigt, lässt sich jederzeit durch Schnitte senkrecht zur befallenen Axe beweisen. Zieht man auf dem Mittelquerschnitt einer Beule mit umläufigem Krebs eine gerade Linie von der Markröhre bis zu demjenigen vom Krebs befallenen Punkt des Holzkörpers, welcher derselben am nächsten liegt und der als Ansatzpunkt bezeichnet sein möge, so liegt diejenige Stelle der Grenze von gesundem und krankem Holz, deren Entfernung von der Markröhre die grösste ist, auf der Rückwärtsverlängerung jener Geraden oder in allernächster Nähe des Schnittpunkts derselben mit der Krebsgrenze. Dieser Punkt möge der Schlusspunkt genannt sein. Zählt man die Jahrringe von der Markröhre bis zum „Ansatzpunkt“ r, und

ebenso diejenigen von der Markröhre bis zum „Schlusspunkt“ r', so bezeichnet r'—r den Zeitraum, welchen das Mycel gebraucht hat, um den Stamm vollständig zu umfassen. Dieser „Umfassungszeitraum“ ist im Allgemeinen um so grösser, je später die Krebsansteckung erfolgt, je grösser also r ist. Sehr häufig bildet die meist sehr deutliche Grenze zwischen gesundem und Krebsholz annähernd eine Ellipse, deren grosse Axe jene Verbindungslinie zwischen Ansatz- und Schlusspunkt und deren einer Brennpunkt ungefähr die Markröhre selbst ist. Es fehlt aber auch nicht an Ausnahmen von dieser Regel. Jedenfalls ist aber jenes Bestreben des Mycels ausserordentlich bezeichnend und deshalb überall deutlich zu erkennen, sich nicht blos in einem Kreisausschnitt von bestimmtem, annähernd gleichbleibendem Winkel zu verbreiten, sondern diesen Winkelraum fortwährend zu vergrössern, bis der ganze Stamm umfasst ist. Der einseitige Krebs ist daher nur ein Uebergangszustand zum umläufigen. Ob diese Umfassung wirklich vollendet wird, hängt nur davon ab, ob der Stamm so lange zuwachskräftig ist, als der „Umfassungszeitraum“ Jahre beansprucht. Eine grundsätzliche Unterscheidung zwischen einseitigem und umlaufendem Krebs im Sinne Koch's (a. a. O. S. 265) kann daher nicht aufrecht erhalten werden.

Fig. 3.

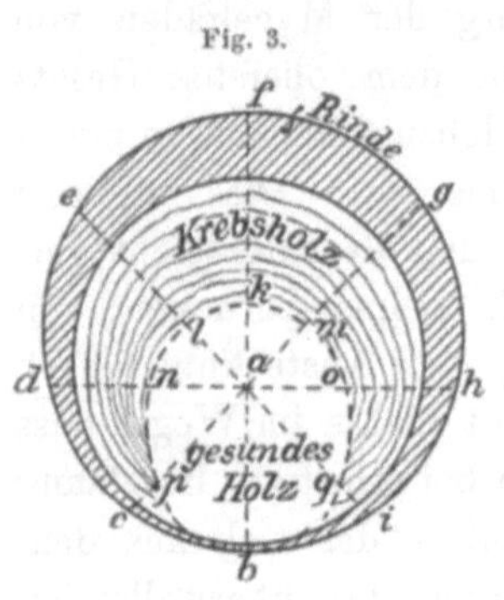

§. 19. Um die Wachsthumsgeschwindigkeit des Mycels zu untersuchen, wird man sich zweckmässig des hierneben schematisch (Fig. 3) angedeuteten Verfahrens bedienen: Die Markröhre des Mittelschnitts durch die Krebsbeule sei a, der Ansatzpunkt sei k, der Schlusspunkt ist noch nicht ganz erreicht; dann ist die gerade Linie ak das kürzere Stück der Krebsaxe; ihre Verlängerungen sind kf und ab. Senkrecht auf ihr ist die Linie dah gezogen; cag und eai sind die Halbirungslinien zwischen den beiden vorigen Geraden. Wie leicht ersichtlich, sind nun die Winkel von einer punktirten Linie zur nächsten je = 45 Grad. Die gestrichelte Linie, eine noch nicht ganz geschlossene Ellipse, bezeichnet die scharfe Grenze zwischen gesundem und Krebsholz. Jetzt lässt sich leicht ermitteln, welche Zeit das Mycel brauchte, um zu beiden Seiten der Krebsaxe die gleichen Winkelräume zu durchwuchern. Ist a k die Zahl der Jahrringe von a bis k, a l die von a bis l u. s. w., so ist jener Zeitraum = a l — a k; entsprechend finden sich die Zeitabschnitte für beliebige andere Winkelräume. Die Geschwindigkeit ist zu beiden Seiten der Krebsaxe nur annähernd dieselbe, ohne dass jedoch die Unterschiede sehr bedeutend würden, die sich gegen den Schlusspunkt hin häufig wiedera usgleichen. Nach der Tabelle 1 auf Seite 41 geht der Umfassungszeitraum bis zu 55 Jahren, und es beträgt im Durchschnitt von 21 Stammkrebsen verschiedener Gegenden der Zeitraum der fortschreitenden Umwachsung bei 45° 4,9—7,0 Jahre, bei 90° 11,5—12,0, bei 135° 18,1 und bei 180°, also voller Umfassung, 23,4 Jahre. Aus der Tabelle geht ferner hervor, dass der Zeitpunkt der Ansteckung am Schaft bei den hier aufgeführten 21 Stämmen zwischen 1 und 19jährigem Alter des Mittelschnitts schwankt[1]) und durchschnittlich 11,5 Jahrringe von der Markröhre entfernt ist. Ich hebe dies hervor, indem ich einen von Forstmeister Koch auf der Versammlung zu Kaysersberg[2]) versuchten Beweis für nicht gelungen erachten muss. Derselbe nimmt dort an, dass die Krebsansteckung stets durch die Nadel erfolge und sagt daselbst S. 43:

„Ich habe ungefähr 20 Stück Krebse untersucht und die vorstehende Behauptung durch die vorgefundenen Thatsachen bestätigt gefunden. Die Infektion durch den Pilz hatte selbst bei den dicksten Krebsbäumen stets zu einer Zeit stattgefunden, als der Stamm an jener Stelle noch benadelt war, also spätestens bis zu einem 10jährigen Alter des Höhentriebs. Auch war die Infektion immer an dem Höhentriebe und zwar in der Nähe eines Quirls erfolgt, wie die in der Krebsbeule eingewachsenen, später abgestorbenen und überwallten Aeste beweisen. Wie schon erwähnt, kann es allerdings auch vorkommen, dass sich anscheinend im späteren Alter des Stammes an einer nicht mehr benadelt gewesenen Stelle Krebse bilden. Dann ist aber die Anschwellung des Stammes von einem Aste ausgegangen, der zur Zeit der Infektion in unmittelbarer Nähe des Stamms noch benadelt war. Derartige Fälle gehören aber nach meinen Beobachtungen zu den Ausnahmen.“

Die obige Aufstellung, dass der Krebs sich stets nur an benadelten Höhentrieben von höchstens 10jährigem Alter ansiedle,

---

[1]) de Bary erwähnt a. a. O. S. 261 eine Krebsgeschwulst, bei der erst 21 Jahrringe von der Markröhre entfernt die Entartung begann.

[2]) Versammlungsbericht S. 42.

ist nicht zutreffend; dies geht aus Tabelle 1 hervor, indem hier 13 von 21 Ansatzpunkten mehr als 10 Jahrringe von der Markröhre entfernt sind. Auch ist es an sich schon selten, dass alle 10 letzten Höhentriebe einer Tanne noch benadelt sind, meistens sind dies nur 4—6, höchstens 8 Triebe. Sodann ist es keineswegs eine Ausnahme, dass die Krebsansteckung des Stamms von einem Ast ausgeht, an dem in unmittelbarer Nähe des Stamms eine Beule sich gebildet hatte. Eine Menge von Längs- und Querschnitten, die ich durch ganz jugendliche Stammbeulen führte, bewiesen, dass die erste Ansiedlung an einem Seitenästchen des Gipfeltriebs in sehr zahlreichen Fällen die grösste Wahrscheinlichkeit für sich hat, am häufigsten an den Astquirlen selbst, die oft mitten aus der Stammbeule hervorragen. Koch selbst betont ja auch gerade diese Ansteckung in der Nähe eines Quirls. Nur muss hinzugesetzt werden, dass es keineswegs leicht, ja oft kaum möglich ist, auf Längs- oder Querschnitten älterer Stämme den wahren Ansatzpunkt annähernd festzustellen, noch viel weniger, ob derselbe von einer Nadel ausgegangen war oder nicht.

Auch die Längsansicht der Krebsbeulen auf Radialschnitten (durch die Markröhre) giebt beachtenswerthe Aufschlüsse über die Ausbreitung des Mycels, hier in senkrechter Richtung. Erinnern wir uns, dass dieselbe eine sehr langsame ist und nur mit Hilfe des lebensfähigen Kambiums erfolgen kann, so ist hierdurch die Richtung der Ausbreitung schon angedeutet. Bei Krebsbeulen, die von Anfang an umläufig sind, ist die in Fig. 22 auf Tafel VIII gegebene Ansicht Regel. Wie auf dem Querschnitt lässt sich die Grenze zwischen gesundem und krebsigem Holz ohne Weiteres mit Schärfe feststellen, indem auch hier der Maserwuchs sehr auffallend ist. Der Krebs beschränkt sich ferner nicht auf die Höhe, die er im jugendlichen Zustand der behafteten Stammaxe besass, sondern dehnt sich langsam nach oben und unten aus. Die Grenze bildet eine annähernd gerade Linie, so dass die 4 Grenzlinien die Gestalt eines liegenden Kreuzes annehmen; oder schreitet die Ausbreitung noch rascher voran, so dass die Grenze eine gegen die Stammaxe hin hohle Krümmungslinie darstellt. Der gesammte Krebskörper erscheint dann annähernd als eine Kugel, aus der oben und unten ein Kegel oder Paraboloid flach ausgebohrt ist. Der Oeffnungswinkel des Krebses ist sehr häufig ungefähr ein rechter; nur bei

Tabelle 1.

Ausbreitung des Krebses um die Stammaxe

(auf Krebsmittelschnitten)

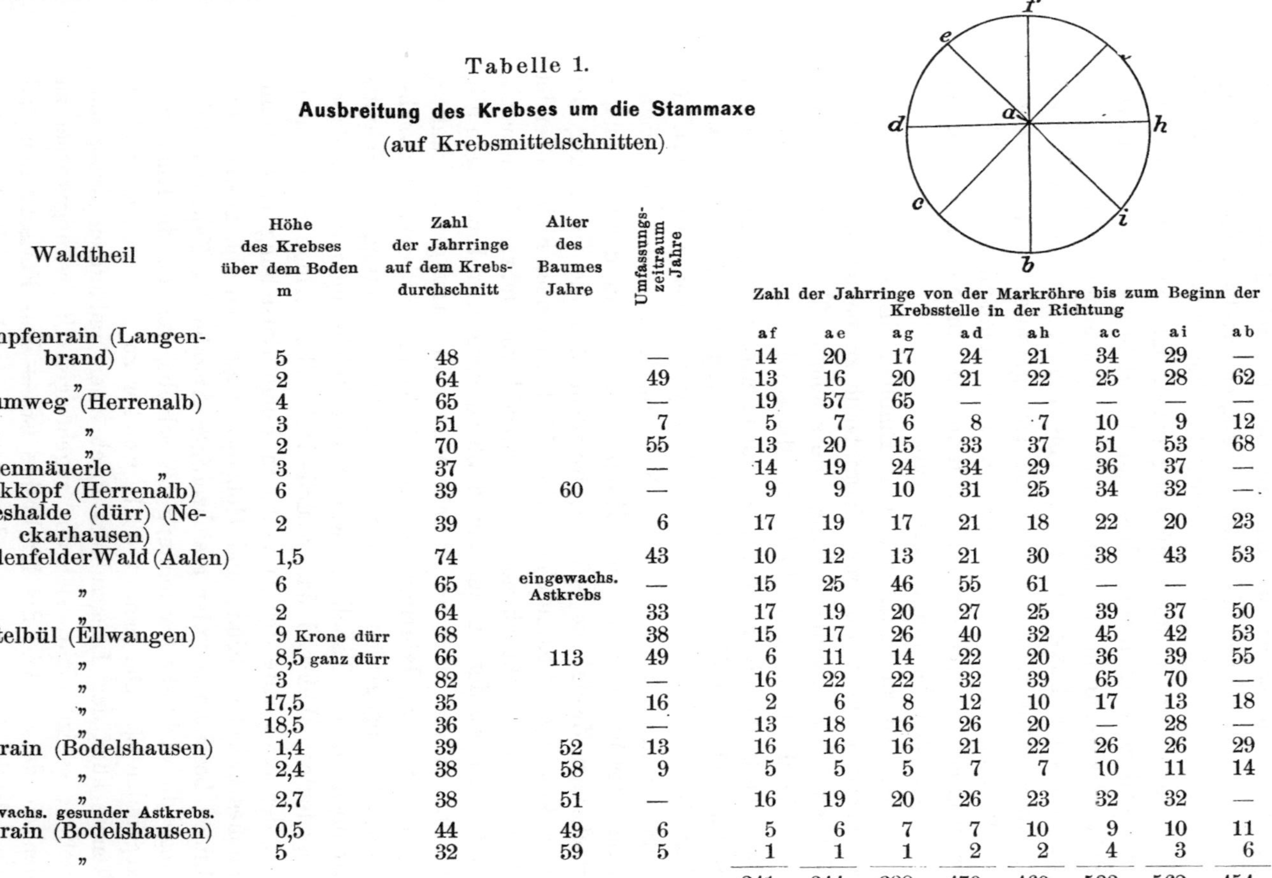

Waldtheil	Höhe des Krebses über dem Boden m	Zahl der Jahrringe auf dem Krebsdurchschnitt	Alter des Baumes Jahre	Umfassungszeitraum Jahre	Zahl der Jahrringe von der Markröhre bis zum Beginn der Krebsstelle in der Richtung af	ae	ag	ad	ah	ac	ai	ab
Kempfenrain (Langenbrand)	5	48		—	14	20	17	24	21	34	29	—
„	2	64		49	13	16	20	21	22	25	28	62
Baumweg (Herrenalb)	4	65		—	19	57	65	—	—	—	—	—
„	3	51		7	5	7	6	8	7	10	9	12
„	2	70		55	13	20	15	33	37	51	53	68
Kurzenmäuerle „	3	37		—	14	19	24	34	29	36	37	—
Eckkopf (Herrenalb)	6	39	60	—	9	9	10	31	25	34	32	—
Maileshalde (dürr) (Neckarhausen)	2	39		6	17	19	17	21	18	22	20	23
WeidenfelderWald (Aalen)	1,5	74		43	10	12	13	21	30	38	43	53
„	6	65	eingewachs. Astkrebs	—	15	25	46	55	61	—	—	—
„	2	64		33	17	19	20	27	25	39	37	50
Mittelbül (Ellwangen)	9 Krone dürr	68		38	15	17	26	40	32	45	42	53
„	8,5 ganz dürr	66	113	49	6	11	14	22	20	36	39	55
„	3	82		—	16	22	22	32	39	65	70	—
„	17,5	35		16	2	6	8	12	10	17	13	18
„	18,5	36		—	13	18	16	26	20	—	28	—
Buchrain (Bodelshausen)	1,4	39	52	13	16	16	16	21	22	26	26	29
„	2,4	38	58	9	5	5	5	7	7	10	11	14
„ eingewachs. gesunder Astkrebs.	2,7	38	51	—	16	19	20	26	23	32	32	—
Buchrain (Bodelshausen)	0,5	44	49	6	5	6	7	7	10	9	10	11
„	5	32	59	5	1	1	1	2	2	4	3	6
					241	344	388	470	460	533	562	454
					: 21	: 21	: 21	: 20	: 20	: 18	: 19	: 13
					=11,5	=16,4	=18,5	=23,5	=23,0	=29,6	=29,6	=34,9
						—11,5	—11,5	—11,5	—11,5	—11,5	—11,5	—11,5
						4,9	7,0	12,0	11,5	18,1	18,1	23,4

jungen Axen ist er für den Anfang oft viel flacher, wie z. B. in Fig. 6c auf Tafel III. Bei einseitigen Krebsen fällt, so lange sie dies sind, auf dem Längsschnitt die eine Hälfte der geschilderten Krebsfigur fort; ist die Umfassung jedoch im Laufe der Zeit auch hier vollendet, so kommt diese auf der andern Seite, aber begreiflicher Weise nur in den äusseren Jahrringschichten, zum Vorschein, zuerst als ein Punkt, später als eine Figur, die der auf der entgegengesetzten Seite ganz ähnlich sich gestaltet. — In Tabelle 3 ist die Ausbreitung des Mycels in einem umläufigen Stammkrebs in wagrechter und senkrechter Richtung hinsichtlich des hierfür beanspruchten Zeitraums dargestellt.

§. 20. Um sodann einen näheren Einblick in die Wachsthumsentwicklung innerhalb einer Stammbeule zu bekommen, empfiehlt sich eine Zuwachsuntersuchung, wie solche in Tabelle 2 in Zahlen und durch Tafel 1 bildlich im Maassstab von 1 : 4 dargestellt ist. Die Untersuchung wurde an einem noch nicht ganz umläufigen Stammkrebs aus Weiherschlag (Aalen), von dem 3 Querschnitte in Fig. 15 a bis c auf Tafel VI wiedergegeben sind, ausgeführt. Es liegt hier der Fall vor, dass die Krebsansteckung schon im zweiten Jahre der Mittelscheibe ohne Zweifel von dem in derselben eingewachsenen Zweig aus erfolgte, trotzdem aber die Umfassung der hier 33jährigen Stammscheibe nach 31 Jahren noch nicht vollendet ist und voraussichtlich noch eine Anzahl von Jahren beansprucht hätte. Es wurden in den auf S. 38 beschriebenen Richtungen a b, a c u. s. w. auf jeder der 12 Scheiben die Entfernungen des fünften, zehnten u. s. w. Jahrrings von der Markröhre mit dem „Zuwachsmassstab“ abgegriffen und eingetragen; die Richtung des Schnitts ist oben an der Tabelle 2, wie an der Zeichnung mit Buchstaben angedeutet. Während das gesunde Holz 33 Jahrringe zeigte, hörte auf der Krebsseite der Zuwachs in Folge Entstehung eines Hohlraumes zwischen Rinde und Holzkörper auf und die gestrichelten Linien bezeichnen unter gleichzeitiger Angabe der Zahl der Jahrringe die wirkliche Ausdehnung der Scheibe, von der die Rinde nun abgefallen ist. Der Schnitt d a h, welcher zu b a f senkrecht steht, könnte auch den Längsschnitt durch einen umläufigen Krebs darstellen; es ist leicht, sich den zugehörigen Umdrehungskörper zu denken, dessen Axe die Markröhre ist. — Das Fortschreiten und die allmähliche Umfassung des Stamms durch den Krebs stellen

Zuwachsuntersuchung
an einem nahezu umläufigen Stammkrebs.

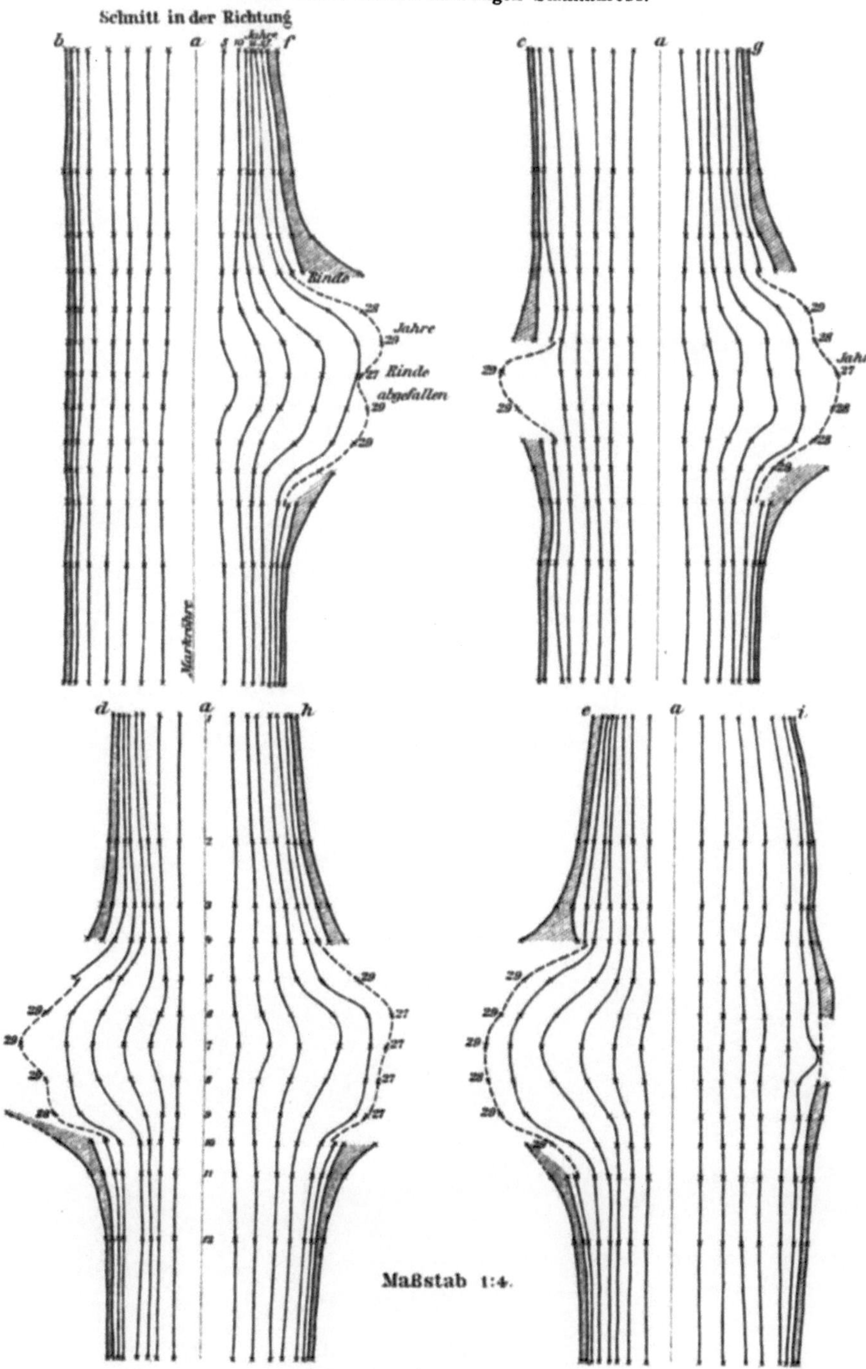

Verlag von Julius Springer in Berlin.

die Figuren 3b (Taf. II), 11 (Taf. IV), 15a bis c, 17 (Taf. VI), 18a, b (Taf. VII), 19, 20, 21—23 (Taf. VIII) anschaulich dar. Die Umfassung ist in Fig. 3b, 11, 15a bis c, 18b, 20, 23 noch nicht vollendet und würde sich Fig. 18b und 20 auch nicht vollzogen haben.

Tabelle 2.

Untersuchung des Zuwachses innerhalb eines Weisstannenkrebses vom Weiherschlag.

Der eigentliche Krebs ist in 10 Scheiben, No. 2—10, zerschnitten; die Scheiben No. 1 (oben) und No. 12 (unten) zeigen auf der dem Krebs abgekehrten Seite nur noch ganz geringe Rindenverdickung.

Scheibe No.	Halbmesser in mm, 5, 10, 15, 20, 25, 30, 33 Jahrringe von der Markröhre entfernt in den Richtungen							
	ab	ac	ad	ae	af	ag	ah	ai
				5 Jahrringe:				
1	15	14	14	14	13	12	13	13
2	17	15	15	14	14	14	14	15
3	16	15	15	14	15	15	15	16
4	15	14	14	13	14	15	15	16
5	16	15	15	13	14	15	15	17
6	16	16	14	15	17	16	16	16
7	16	16	16	19	22	19	18	16
8	16	15	14	15	17	16	15	16
9	16	15	14	15	14	15	16	16
10	16	15	13	14	15	15	16	16
11	15	14	13	14	14	16	17	16
12 oben	15	16	14	15	16	17	17	15
12 unten	16	16	15	15	16	17	17	17
				10 Jahrringe:				
1	26	26	25	24	22	22	21	24
2	27	26	25	25	23	23	24	28
3	27	25	23	22	23	23	26	27
4	27	24	23	22	24	24	27	27
5	27	25	22	23	25	26	28	28
6	27	25	23	31	35	30	30	28
7	27	25	30	33	38	31	35	28
8	27	25	25	32	33	31	29	27

Scheibe No.	ab	ac	ad	ae	af	ag	ah	ai
			10 Jahrringe:					
9	27	24	24	26	25	27	28	28
10	26	23	22	24	25	26	29	28
11	26	23	22	23	24	26	29	28
12 oben	25	23	23	25	26	29	29	26
12 unten	27	24	24	24	26	28	29	28
			15 Jahrringe:					
1	38	37	35	29	27	27	27	33
2	38	35	32	29	28	28	31	39
3	37	35	30	29	29	30	35	39
4	37	35	29	29	31	31	36	39
5	37	34	30	32	34	34	38	38
6	37	34	39	46	50	45	47	39
7	37	34	44	51	52	43	51	39
8	37	34	40	47	48	47	48	39
9	37	33	32	36	37	37	41	38
10	36	32	29	32	33	35	40	38
11	36	31	28	29	31	35	41	37
12 oben	35	30	28	30	33	37	40	36
12 unten	37	33	29	29	32	36	39	40
			20 Jahrringe:					
1	48	48	39	31	31	31	34	42
2	47	44	37	34	32	35	37	50
3	45	43	35	34	35	37	44	49
4	45	41	35	36	38	39	45	49
5	45	42	48	45	49	47	49	49
6	45	42	56	63	70	61	71	50
7	46	42	60	72	69	61	73	48
8	46	41	57	67	66	64	69	48
9	46	40	42	50	56	50	56	48
10	45	39	36	42	40	44	51	47
11	45	38	34	36	37	42	49	47
12 oben	44	38	33	36	39	44	49	46
12 unten	46	40	35	36	38	43	46	48
			25 Jahrringe:					
1	59	59	43	34	33	39	39	52
2	58	53	42	38	37	39	44	64
3	57	53	41	41	41	44	49	63
4	57	50	43	44	47	49	55	63
5	56	50	49	69	78	69	62	64
6	57	51	71	84	91	77	90	63
7	57	52	75	90	89	78	91	63
8	57	50	73	88	85	80	88	62

Scheibe No.	ab	ac	ad	ae	af	ag	ah	ai
			25 Jahrringe:					
9	57	49	68	80	78	75	84	61
10	57	49	46	56	56	55	64	60
11	57	47	42	45	46	50	59	60
12 oben	56	48	43	42	45	48	56	59
12 unten	57	48	43	41	43	47	53	60
			30 Jahrringe:					
1	65	65	45	37	36	43	43	60
2	64	62	46	44	42	45	49	70
3	63	60	46	48	48	52	56	69
4	63	57	49	49	54	57	62	71
5	63	57	71	83_{29}	92_{28}	82_{29}	81_{29}	72
6	63	58	84_{29}	95_{29}	102_{29}	87_{28}	103_{27}	71
7	63	86_{29}	101_{29}	104_{29}	90_{27}	100_{27}	100_{27}	79
8	64	76_{29}	86_{29}	102_{28}	96_{29}	97_{28}	95_{27}	69
9	64	58[1])	84_{28}[2])	94_{29}	89_{29}	86_{28}	90_{27}	70
10	63	56	56	67_{28}[3])	74[4])	62_{29}[5])	72	68
11	63	54	48	53	51	58	65	68
12 oben	62	55	47	47	47	53	59	66
12 unten	63	49	43	45	43	53	56	62
			33 Jahrringe:					
1	68	67	47	39	39	44	45	63
2	67	64	49	47	46	50	52	72
3	66	64	52	55	54	58	61	72
4	66	64	56	51	60	64	68	75
5	66	65	—	—	—	—	—	79
6	66	67	—	—	—	—	—	80
7	67	—	—	—	—	—	—	—
8	67	—	—	—	—	—	—	78
9	67	65	—	—	—	—	—	73
10	66	62	61	—	—	—	74	73
11	66	58	53	57	54	61	70	71
12 oben	65	59	47	48	48	53	60	70
12 unten	66	60	48	46	45	53	56	67
			Rindendicke: (mm)					
1	2	2	3	4	4	4,5	5	2,5
2	3	3	4	5	7	7	6	3

[1]) Hohlraum zwischen Rinde und Holz.

[2]) Mit Rinde 99.

[3]) „ „ 79.

[4]) „ „ 86.

[5]) „ „ 92.

Scheibe No.	ab	ac	ad	ae	af	ag	ah	ai
				Rindendicke: (mm)				
3	3	3	5	8	8	9	8	4
4	3	3	10	36	35	11	8	5
5	3	7	—	—	—	—	—	5
6	3	8	—	—	—	—	—	7
7	3	—	—	—	—	—	—	—
8	3	—	—	—	—	—	—	5
9	3	7	—	—	—	—	—	8
10	3	4	19	16	11	29	20	5
11	3	3	6	9	10	10	8	3
12 oben	2,5	3	4	4	4	4	4	3
12 unten	3	3	3	3	3,5	3	3	3

Höhe der Scheiben (mm):

No.	1	2	3	4	5	6	7	8	9	10	11	12
mm	65	33	20	19	18	17	18	17	15	18	33	62

Tabelle 3.

Ausbreitung eines in 9 Scheiben zerschnittenen umläufigen Stammkrebses vom Buchrain.

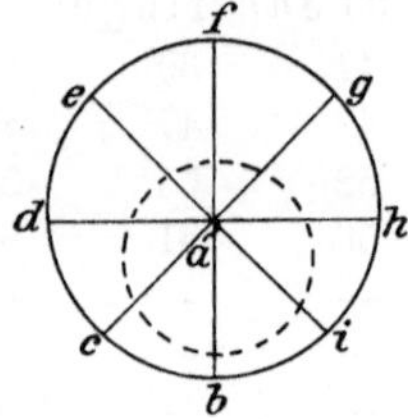

Scheibe No.	Scheibendicke cm	Zahl der Jahrringe von der Markröhre bis zum Beginn des Krebsholzes in der Richtung							
		af	ae	ag	ad	ah	ac	ai	ab
5 Mittelscheibe	2	5	5	5	7	7	10	11	14
6	*1,9*	*5*	*5*	*5*	*7*	*6*	*10*	*11*	*12*
4	1,8	8	9	9	10	13	14	13	16
7	*2,6*	*5*	*5*	*6*	*7*	*6*	*12*	*12*	*13*
3	2,5	10	15	16	15	16	17	16	17
8	*2,5*	*9*	*10*	*9*	*12*	*14*	*13*	*15*	*16*
2	2,5	13	15	16	15	17	17	17	17
9	*2,4*	*9*	*11*	*11*	*13*	*14*	*15*	*16*	*16*
1	2	13	15	61	15	17	17	17	17
	20,2 cm Stammkrebshöhe.								

Es erübrigt noch, das Einwachsen von Astbeulen in den Schaft zu besprechen. Schon de Bary hat diese Entstehungsform des Stammkrebses im Auge, indem er sagt[1]: „Die Hexenbesen, welche an älteren Stämmen gefunden werden, scheinen immer das Produkt solcher nachträglich entfalteter Axillarknospen zu sein; ihre ältesten Theile sind in den untersuchten Fällen beträchtlich — 10 bis 20 Jahre — jünger als das sie tragende Stammstück.“ In nachdrücklichster Weise hat jedoch Forstrath Schweickhart 1884 auf der Wolfacher Forstversammlung[2] auf die zuvor von Wenigen beachtete, von ihm aber „in unzähligen Fällen“ beobachtete Erscheinung und Gefahr dieses Einwachsens hingewiesen. Ebenso machte auch Koch auf diesen Vorgang 1887 und 1891 wiederholt aufmerksam[3]. Am eingehendsten beschäftigte sich sodann Weise[4] mit dem Einwachsen von Astkrebsen, namentlich auch den Schädigungen, welche durch das Eindringen von todten Astkrebsen in den gesunden Schaft entstehen und den „faulen Krebs“ zur Folge haben. Der Vorgang dieses Einwachsens ist von Weise vortrefflich beobachtet und dargestellt, so dass ich demselben wenig Neues beizufügen habe. Deshalb möchte ich mich in der Hauptsache darauf beschränken, gleichfalls darauf hinzuweisen, wie wichtig nach meinen eigenen sehr zahlreichen Beobachtungen dieses Uebergangs der Astkrebs je nach seiner Entfernung vom Schaft werden kann, gleichviel ob er lebenskräftig oder abgestorben ist. Es lassen sich sämmtliche Zwischenformen desselben mit Leichtigkeit nachweisen. Gerade diesem Punkte widmete ich deshalb meine besondere Aufmerksamkeit, weil ich, wie früher erwähnt, längere Zeit der auch sonst verbreiteten Meinung war, vom Schaft weiter entfernte Astbeulen vermöchten einzelne Mycelstränge bis zu diesem auszusenden und dadurch die so auffallend häufige Ansiedlung des Stammkrebses an den Astquirlen zu veranlassen. Der so häufige Befund in älteren Beständen, dass mitten aus einer einseitigen Stammbeule ein starker Aststummel hervorragt, veranlasste mich, Aufzeichnungen darüber zu machen, in wie vielen Fällen die Stammbeule sich mitten auf einem der noch §. 21.

[1] a. a. O. S. 262.

[2] s. Versammlungsbericht S. 50.

[3] An den angeführten Stellen S. 42 und 265.

[4] a. a. O. S. 17—20.

leicht sichtbaren Quirle befand und wie oft zwischen den Quirlen. Von 300 Stämmen aus Stangen- und Baumhölzern, die zum Theil gefällt und entrindet waren, und die ich daraufhin untersuchte, zeigten 161 = 54 % den ersteren, und 139 = 46 % den letzteren Fall. Der Unterschied war also sehr gering und viel kleiner als anfangs vermuthet. Zunächst durfte jedenfalls hieraus geschlossen werden, dass die Entsendung von Mycelsträngen innerhalb der eigentlichen Quirläste nur einen Theil der Stammbeulen zu veranlassen im Stande wäre. Eine nähere Untersuchung der Angriffsweise des Mycels mit dem blossen Auge, wie auf mikroskopischem Wege, zeigte jedoch, dass selbst bei grosser Nähe des Astknotens am Schaft eine Entstellung des letzteren nicht zu erkennen war, selbst dann nicht, wie ich einmal beobachtete, wenn zwischen einer lebenden, über faustgrossen Astbeule und dem Stamm gerade noch das Sägeblatt Raum zu freier Bewegung fand. So war der Beweis geliefert, dass die Ansteckung des Schafts nur durch unmittelbare Berührung mit dem (lebensfähigen) Astkrebs möglich ist und es waren alle Astbeulen als ungefährlich zu bezeichnen, die von der Stammaxe mehr als 20—30 cm entfernt liegen. Vor dem Erscheinen der Weise'schen Schrift photographisch aufgenommen waren die Figuren 9a bis d auf Tafel IV, welche jugendliche Uebergangszustände zwischen Ast- und Stammbeulen darstellen, und Fig. 12 auf Tafel IV, eine ältere 15 m über dem Boden in den Schaft eingewachsene, abgestorbene Astbeule. Nachher abgebildet wurden die Figuren 28 auf Tafel X vom Rammert und Figur 27 auf Tafel X, sowie 10 und 11 vom Grossholz, auf Tafel IV, weil dieselben besonders lehrreich schienen. Aus den beiden letzteren geht nach Längs- und Querschnitt sicher hervor, dass die Ansteckung zwar an keinem Quirlast, aber an einem kleineren Seitenast zwischen zwei Quirlen erfolgte, wie ihn der jugendliche Schaft der Tanne regelmässig hervorbringt, ohne dass es sich hier um Austreiben einer Proventivknospe durch den vom Mycel ausgeübten Reiz gehandelt hätte.

Auf derartige Entstehung sind jedenfalls zahlreiche Stammbeulen zurückzuführen, die sich an noch deutlich aus denselben herausragenden kleinen Aesten bilden, wobei letztere keinem Quirl angehören. Sehr von Werth ist es, die Entstehung von Stammbeulen an ganz jugendlichen Schäften zu beobachten. So zeigt

Figur 8a und b auf Tafel III solche an Astquirlen ganz junger Tannen aus der Kultur im Grossholz, während bei Figur 27 auf Tafel X, Beule und Hexenbesen in der Mitte zwischen zwei Astquirlen entstanden.

Es unterliegt keinem Zweifel, dass mit den Astbeulen häufig auch die untersten Stücke der zu ihnen gehörigen Hexenbesen einwachsen, was den behafteten Stämmen an der Krebsstelle ein sehr auffallendes Aussehen verleiht. Diese eingewachsenen Hexenbesen unterscheiden sich von den am Schaft selbst entstandenen und seltener zu findenden dadurch, dass sie viel gedrängteren und einheitlicheren Wuchs besitzen und einseitig stehen; die am Schaft selbst entspringenden Hexenbesen pflegen denselben in zahlreichen, weniger stark verästelten Zweigen rings zu umgeben; jedenfalls ist dies bei stärkeren Achsen Regel. Die erst einwachsenden Hexenbesen geben leicht Veranlassung zur Fäulniss in der Umgebung ihrer Ansatzstelle. Da die Lebensdauer der Hexenbesen eine kurze, durch Ueberschattung und Bestandsschluss bald gefährdete, eine Reinigung des Schafts von dem dichten Gewirr der abgestorbenen Donnerbüsche aber erschwert ist, so pflanzen sich die Zersetzungserscheinungen an deren eingewachsenem Grunde gern auf ihre Umgebung über. Längsschnitte durch eingewachsene Astbeulen zeigen manchmal einen unerwartet vorgeschrittenen Grad der Holzverderbniss auch in den vorher nicht vom Krebs ergriffenen Theilen des Schafts. Es liegt auf der Hand, dass nach endlicher Abstossung des ganz dürren Hexenbesens eine gesunde Ueberwallung seiner Ansatzstelle sehr erschwert ist. Davon rühren zum Theil die vielen faulen Krebse, die auch ohne Dazwischentreten des Polyporus fulvus eine bedeutende Werthverminderung des Stamms verursachen.

Wegen des im Vergleich mit den so zahlreichen Donner- §. 22.
büschen der Aeste verhältnissmässig selteneren Auftretens von lebenskräftigen Hexenbesen am Schaft selbst wurde schon die Vermuthung ausgesprochen, dass dieses letztere nur eine Ausnahme sei, und zwar von keinem Geringeren als dem scharfen Beobachter de Bary selbst. Er sagt hierüber[1]): „An den Stämmen scheint es geradezu Regel zu sein, dass der Pilz auf die Geschwülste be-

[1]) a. a. O. S. 261.

schränkt bleibt und nicht in Seitentriebe tritt, um zu fructificiren". Er fügt aber alsbald hinzu: „Doch gestattet die Untersuchung älterer Stammgeschwülste keine sichere Entscheidung darüber, ob etwa in früheren Jahren ein Hexenbesen, der später abstarb und abbrach, aus ihnen hervorgetreten war oder nicht". Letzteres ist in der That die Regel. Die in Figur 2b auf Tafel I abgebildete Stammbeule war einer der wenigen Stammkrebse jugendlicher Achsen, die ich ohne äusserlich noch sichtbaren Hexenbesen fand. Aus den Parallelschnitten desselben ergab sich jedoch, dass ein kleiner Hexenbesen einige Zeit bestanden hatte, dann aber wieder zu Grunde ging. (Das Einwachsen von Hexenbesen in Krebsbeulen findet, wenigstens am Schaft, oft statt. Dies zeigt z. B. in auffallendem Maasse Figur 16 auf Tafel VI.) Aus den nur mit der Lupe zählbaren Jahrringen unterhalb der Beule ergab sich, dass diese Tanne von jeher vollständig im Druck erwachsen war. Mangel an Licht hat daher den schon angelegten Hexenbesen wohl wieder verkümmern lassen. In dicht stehenden Vorwuchshorsten entstandene, sehr oft spindelförmige Stammbeulen zeigen häufig, wie in Figur 6a auf Tafel III, ganz spärliche Hexenbesen, während dieselben bei vollem Lichtgenuss so üppig wuchern, wie der in Figur 6b abgebildete 6jährige Donnerbusch, an dem die Stammbeule gegenüber den Besenästen sehr zurücktritt. Derselbe war in vollem Lichtgenuss gestanden. Bei Stammbeulen, die aus eingewachsenen Astkrebsen entstanden, kann der Hexenbesen unter Umständen lange Zeit sichtbar bleiben und, wie früher erwähnt, in seinem Grunde zum Theil ebenfalls einwachsen. Noch häufiger aber scheint es einzutreten, dass der kurzlebige Besen schon vor dem Einwachsen in den Stamm abfällt (man trifft sehr häufig solche abgestossenen Büsche, mit und ohne Beulen, auf dem Boden), dann deutet am Schaft nichts mehr an, dass hier je ein Hexenbesen vorhanden war.

Weise hebt den besonderen Fall hervor[1]), dass an schon gereinigten Schäften in Folge leichter Wiederbegrünung durch Austreiben von Proventivknospen nach erfolgter Lichtstellung von Neuem Krebs und Hexenbesen entstehen können, vermag jedoch nur drei derartige Fälle nachzuweisen. Er sagt hier: „Der

---

[1]) a. a. O. S. 21.

Femelschlagbetrieb[1]) begünstigt das Wiederbegrünen der Weisstannenschäfte in hervorragender Weise, und viele Tausende von jungen Zweigen sind in jedem einzelnen Schlag vorhanden. Die Gefahr ist theoretisch eine grosse, in praxi aber ist der Hexenbesen unter solchen Verhältnissen nicht oft zu finden. Ganz einig bin ich noch nicht mit mir darüber geworden, wodurch die Gefahr abgestumpft wird.“ Hierzu möchte ich bemerken, dass ich bis jetzt trotz sorgfältiger Beobachtung nur einen einzigen Fall fand, wo am Schaft eines freigestellten, etwa 60 jährigen Stamms[2]) ein Hexenbesen sich angesiedelt hatte. Derselbe stand ausserdem in der Nähe eines breiten Weges, die Freistellung war schon vor zwei bis drei Jahrzehnten erfolgt. Uebrigens berührte der Krebsknoten des 14 jährigen, ziemlich starken Hexenbesens den Schaft noch nicht, bildete vielmehr den Abschluss eines 10 cm langen, 3 cm dicken und 21 ziemlich feine Jahrringe besitzenden Zweigs, der aus einem schlafenden Auge entsprungen war. Wenn es während halbjährigen Suchens nicht gelang, mehr als einen derartigen Fall aufzuspüren, so darf wohl ruhig angenommen werden, dass er nicht blos ein sehr seltener sein muss, sondern, dass eben die Gefahr der Ansteckung bei Proventivknospen thatsächlich nur eine geringe ist. Die Tannenaufnahmen waren im Oktober 1890 beendigt; 1891 und 1892 behandelte ich nur Fichten- und Buchenversuchsflächen. Aber auch seit 1890 fand ich nur noch einen einzigen solchen Fall. Dies führt aber von selbst wieder darauf hin, dass noch besondere Voraussetzungen zu dieser Ansiedlung erfüllt sein müssen, und dies sind vielleicht Verletzungen, denen die schwachen, Stoss, Schlag etc. leicht ausweichenden Reiser an freigestellten stärkeren Schäften weniger ausgesetzt sind, als z. B. die festen Quirläste in der Krone von Vorwüchsen, Dickungen u. dergl., welche im Laufe der Verjüngung unausgesetzt gefährdet sind.

[1]) In Baden, wo Weise seine meisten Beobachtungen anstellte, der durchaus herrschende Betrieb im Tannenwalde.

[2]) Derselbe hatte einen Brusthöhendurchmesser von 27 cm und etwa 20 m Höhe.

4. Die physikalische Untersuchung des Krebses.

§. 23. Von den unmittelbar sinnlich wahrnehmbaren Eigenschaften des Krebsholzes wurde die Farbe und die Zeichnung des Jahrringbaus schon früher wiederholt genannt. Auch sei hier an das Durchscheinen dünner Scheiben des gesunden Tannenholzes erinnert und daran, dass diese Eigenschaft dem Krebsholz gänzlich abgeht. Noch ist eine durchaus bezeichnende Eigenschaft des frisch gefällten Krebsholzes zu erwähnen. Entrindet man eine Krebsbeule, so zeigt sich im frischen Zustande unter der Krebsrinde zuerst eine weiche, bis etwa 1 cm dicke, weisse oder hellgelbe bastähnliche Schicht und nach vorsichtiger Entfernung derselben ohne scharfe Grenze, soweit das Mycel verbreitet ist, eine chokoladenähnliche Färbung des Holzes. Das Nämliche findet sich auch auf dem frischen Querschnitt durch die Krebsbeulen, wie aus Figur 17b und c auf Tafel VI ersichtlich, die wenige Tage nach dem Ausschneiden der Scheiben photographirt wurden. Unter dem Einfluss der Luft wird dieser Farbenunterschied allmählich undeutlich.

Was die Zeichnung des Krebsholzes anlangt, so entspricht dem gewundenen Verlauf der Jahrringe auf der Hirnfläche und dem tonnenförmigen Aussehen der Beule die Erscheinung auffallenden Maserwuchses auf dem Längsschnitt. Derselbe ist oft von schöner Zeichnung, so dass bei gesunden Krebsbeulen die Verwendung zu Fourniren manchmal recht wohl in Frage kommen könnte.

Von den technischen Eigenschaften der Hölzer ist in Bezug auf den stofflichen Zustand derselben wohl am leichtesten zahlenmässig zu untersuchen das specifische Gewicht, mit dessen Steigerung bei derselben Holzart man eine entsprechende Erhöhung seiner Güte anzunehmen pflegt. Es wäre wohl wünschenswerth gewesen, wenn ich in Uebereinstimmung mit Robert Hartig[1]) meine Wägungen an Hölzern hätte vornehmen können, die bei 100 bis 105° C. vorher getrocknet gewesen wären. Eine solche Einrichtung stand mir jedoch nicht zur Verfügung, deshalb musste ich mich auf die Untersuchung in dem, mancherlei Schwankungen

---

[1]) vgl. „Das Holz der deutschen Nadelwaldbäume.“ Berlin. J. Springer. 1885. S. 27.

ausgesetzten, lufttrockenen Zustand beschränken. Dieser war jedoch vollständig erreicht, indem die untersuchten Hölzer von Sommer und Herbst 1890 bis Frühjahr 1892 in einem luftigen und während zweier Winter wohlgeheizten Raum aufbewahrt lagen.

Die Ermittlung des specifischen Gewichts von Krebsholz hat den Zweck, festzustellen, welchen Einfluss die Krebskrankheit in dieser Richtung ausübt. Gleichzeitig kann aber auch untersucht werden, welche Veränderungen im Gewicht des Holzes eintreten, wenn die zerstörende Thätigkeit der Mycelfäden von Polyporus fulvus hinzutritt.

Um unmittelbar vergleichbare Zahlen zu erhalten, wurden aus einseitigen Stammkrebsen jedesmal die Mittelscheiben ausgeschnitten, wobei jedoch vermieden wurde, das etwa in denselben eingewachsene Holz der viel engringigeren Aeste mitzuwägen. Hierauf wurden auf zwei entgegengesetzten Seiten der Scheibe unter Inanspruchnahme von Jahrringschichten gleicher Anzahl, Lage und gleichen Alters, gesundes und krankes Holz ausgesägt und womöglich auch die zugehörige Rinde mituntersucht. Hierbei unterlief allerdings zuweilen ein kleiner Mangel, indem die dem „einseitigen“ Krebs gegenüberliegende Seite zwar gesund, d. h. noch nicht vom Mycel ergriffen ist, aber von regelmässigem Wuchs abweicht, wie wir es bei den Figuren 3b und 23b auf Tafel II und Tafel VIII sehen. Hier wäre es vielleicht gut gewesen, wenn auch noch Holzstücke $^1/_2$ m oberhalb oder unterhalb der Krebsbeule ausserdem zum Vergleich beigezogen worden wären, was aber nicht mehr möglich war. Doch mag hier der Fehler unbedeutend sein; der Unterschied gegenüber dem Krebsholz ist, wie wir sehen werden, immer noch bedeutend. Zur Untersuchung benützte ich eine gute Wage, deren Angabe bis auf 2 Gramm genau ist, und ein Xylometer, wie es auf S. 27 der zuletzt angeführten Schrift von Robert Hartig abgebildet ist. Dasselbe arbeitet sehr gut, so dass die Ergebnisse Anspruch auf Genauigkeit erheben dürfen.

Um etwaige Verschiedenheiten des Krebsholzes im Vergleich zum gesunden Holz im Verhalten gegenüber den Niederschlägen festzustellen, untersuchte ich gleichzeitig bei mehreren der Probestücke, wie viel Wasser dieselben, ein bis zwei Tage ganz in Wasser untergetaucht, aufnehmen. Hierbei zeigte sich, dass eine annähernde Sättigung schon nach einigen Stunden eintritt. Besonders trifft dies zu bei morschem Holz, wie es durch die Zerstörung von Polyporus fulvus zugerichtet wird. Ein solches Stück Holz im Gewichte von 19 Gramm nahm im Verlauf von vier Stunden 62 Gramm Wasser auf, in 22 weiteren Stunden nur noch 2 Gramm. Die Bestimmung des sehr geringen specifischen Gewichts solchen Holzes muss sehr rasch erfolgen, um das begierige Eindringen des Wassers zu verhüten.

§. 24. Die Wägungen ergaben Folgendes[1]):

Waldtheil	Stamm No.	Nähere Bezeichnung	Specifisches Gewicht trocken	Specifisches Gewicht nass	Wasseraufnahme in % des lufttrockenen Holzes
Baumweg	1	Stamm mit Krebsbruch			
		gesundes Holz	0,605		
		Krebsholz[2])	0,838		
		gesunde Rinde	0,750		
		Krebsrinde	0,739		
"	2	gesundes Holz	0,533		
		Krebsholz	0,706		
"	3	gesundes Holz	0,506	0,775	67
		Krebsholz	0,705	0,902	28
"	4	Krebsholz	0,733		
Eckkopf (Herrenalb)	1	gesundes Holz	0,464		
		Krebsrinde	0,733		
"	2	gesundes Holz	0,509		
		Hexenbesenholz	0,730		
		gesunde Rinde	0,670		
		Krebsrinde	0,858		
Kurzenmäuerle	1	gesundes Holz	0,480		
		Krebsholz	0,610		
		gesunde Rinde	0,553		
		Krebsrinde	0,537		
"	2	gesundes Holz	0,458		
		Krebsholz	0,706		
		gesunde Rinde	0,824		
		Krebsrinde	0,725		
"	3	gesunde Rinde von einem Bestandsmittelstamm, aus Brusthöhe	0,895		

[1]) Die Bezeichnung der Waldtheile ist dieselbe wie in der Tabelle 4.

[2]) Wo nichts besonderes bemerkt ist, rühren die untersuchten Stücke je von derselben ausgeschnittenen Stammscheibe und liegen einander auf dem Durchmesser gegenüber.

Waldtheil	Stamm-No.	Nähere Bezeichnung	Specifisches Gewicht trocken	Specifisches Gewicht nass	Wasseraufnahme in % des lufttrockenen Holzes
Kempfenrain (Langenbrand)	1	gesundes Holz	0,505	0,664	44
		Krebsholz	0,644	0,770	26
	2	Krebsholz	0,720	0,854	22
Rothwiesle		Krebsholz aus der Mittelscheibe von Figur 3b auf Tafel II	0,597		
Von Krauth & Cie. in Höfen übersandt; Ursprung unbekannt.		Krebsholz (verschiedener Stämme)	0,718		
			0,709		
			0,697		
			0,673		
			0,656	0,755	18
			0,648		
WeidenfelderWald	1	175 jährig, Höhe des Krebses über dem Boden 5 m, Rinde 29 (statt 8) mm dick.			
		Krebsholz	0,767 [1]		
		Krebsrinde	0,769 [1]		
"	2	Krebsrinde	0,743		
"	3	desgl.	0,800		
Brentenbuck		Fruchtträger von Polyporus fulvus [2]	0,597	1,041	99
		morsches Krebsholz [2]	0,388	1,049	226
		gesundes Holz [2]	0,641	0,832	42
Weiherschlag	1	gesundes Holz	0,435	0,600	50
		gesunde Rinde	1,332	1,150	50
"	2	Krebsholz	0,651		
		Krebsrinde	0,618		
"	3	Scheibe 6 von Fig. 15a auf Tafel VI			
		gesundes Holz	0,535	0,677	50
		Krebsholz	0,653	0,790	31
Seewald	1	Sehr stark verdickte Krebsborke bis zu 9 cm Dicke	0,590		
	2		0,613		
	3		0,595 [3]		

[1]) Von der in Figur 21 auf Tafel VIII abgebildeten Scheibe.

[2]) Von der in Figur 23c auf Tafel VIII abgebildeten Scheibe.

[3]) Von der in Figur 5 auf Tafel II abgebildeten Borke.

Waldtheil	Stamm-No.	Nähere Bezeichnung	Specifisches Gewicht trocken	Specifisches Gewicht nass	Wasseraufnahme in % des lufttrockenen Holzes
Seewald	4	Krebsholz der äusseren harten Schichten	0,724		
	5		0,686		
	6		0,654		
Mittelbül	1	Baum mit Krebsbruch in 18,5 m Höhe:			
		gesundes Holz	0,688		
		morsches Holz (am Bruch)	0,395	0,936	307!
		gesunde Rinde	0,786		
		Krebsrinde (am Bruch)	0,720		
„	2	Baum mit Krebs (in 11 m Höhe), dessen Inneres ausgefault ist:			
		gesundes Holz (äussere Schichte)	0,477		
		Krebsholz (äuss. Schichte)	0,529		
		gesunde Rinde	0,800		
		Krebsrinde	0,651		
„	3	Baum mit gesundem umläufigen Krebs in 17 m Höhe, Brusthöhendurchmesser 22 cm:			
		gesundes Holz vom Stock	0,675		
		Krebsholz	0,735		
		gesunde Rinde vom Stock	0,878		
		Krebsrinde	0,896		
„	4	Baum mit Krebs in 19 m Höhe (Brusthöhendurchmesser 32 cm):			
		gesundes Holz vom Stock	0,625		
		gesundes Holz von der Krebsscheibe	0,500	0,768	54
		Krebsholz	0,792	0,837	15
		Krebsrinde	0,737		
Steine	1	Uebergangskrebs, verkient:			
		Krebsholz	0,898		
„	2	desgl.: Krebsholz	0,727		
		gesundes Holz vom Stamm unmittelbar daneben	0,571		
		gesunde Rinde	0,671		
„	3	Astkrebs	0,851	0,932	13

Die nähere Bezeichnung der Stellen an den verschiedenen Bäumen, von welchen die Ausschnitte genommen wurden, hätte in den meisten Fällen wohl eine genauere sein dürfen, was aber deshalb unterblieb, weil ich mich erst zur Untersuchung der specifischen Gewichte entschloss, als die Mehrzahl der untersuchten Scheiben längst nach Tübingen gesandt war. Doch verschlägt dies nicht viel, denn einerseits sind die Versuchsflächen ja näher beschrieben, welcheo diese Scheiben entstammen, andererseits ist gerade der Umstand ausgenutzt, dass die Entnahme der zu vergleichenden gesunden und kranken Stücke von je einer und derselben dünnen Stammscheibe für die wirkliche Vergleichbarkeit derselben spricht, ohne dass die Herkunft von einem bestimmten Stammtheil gefordert werden müsste.

Zieht man die Mittel aus sämmtlichen Gewichtsbestimmungen, so ergiebt sich als specifisches Gewicht für das gesunde Holz (15 Wägungen) 0,527 und für das Krebsholz (28) : 0,706; sodann für die gesunde Rinde (9) : 0,832 und für die Krebsrinde (16) : 0,708.

Die Wasseraufnahme betrug beim gesunden Holz (6 Wägungen) durchschnittlich 51 % vom Gewicht des lufttrockenen Holzes, beim Krebsholz (6 W.) nur 22 %, bei der gesunden Rinde (1 W.) 50 %, beim morschen Holz (2 W.) 266 %.

Zieht man jedoch, was das Richtigere ist, nur diejenigen Wägungen in Betracht, welche sich auf je unmittelbar vergleichbare Stücke bezogen, so erhält man für das gesunde Holz (12 Wägungen) durchschnittlich 0,519, für das Krebsholz (12 W.) 0,698, für die gesunde Rinde (7 W.) 0,752 und für die Krebsrinde 0,732. Die Wasseraufnahme beträgt (innerhalb 1—2 Tage) für das gesunde Holz (4 Wägungen) 54 %, für das Krebsholz (4 W.) 25 % des Lufttrockengewichts.

Diese Wägungen sind allerdings wenig zahlreich, aber sie berechtigen ihrer guten Uebereinstimmung wegen doch zu 2 Schlüssen, nämlich:

1. das Krebsholz ist um $^1/_3$ schwerer, als das gesunde Tannenholz,
2. ersteres nimmt nur halb so viel Wasser auf, als das letztere.

Wahrscheinlich ist auch der Satz zutreffend, dass bei der Rinde, entgegengesetzt wie beim Holz, die von der Krankheit bewohnte

— nicht ohne Ausnahme — leichter ist als die gesunde. Es mag hierzu vielleicht der schwankende Harzgehalt der Krebsrinde beitragen.

§. 25. Zum Vergleich seien nun auch 2 andere Holzarten herangezogen, welche von krebsartigen Krankheiten heimgesucht werden, nämlich die Lärche und die Waldkirsche (Prunus avium).

Eine von Peziza Willkommii ergriffene Lärche[1]) im Revier Aalen (gefällt Herbst 1890, untersucht 1892) zeigte folgende Gewichte:

gesundes Holz dem Krebs gegenüber . .	0,822
„ „ 10 cm unterhalb desselben	0,780
Krebsholz (verkient)	0,908
gesunde Rinde	0,750
Krebsrinde	0,961

Ein anderes Stück gesunden Holzes von einer neben der vorigen gestandenen Lärche hatte lufttrocken ein specifisches Gewicht von 0,626, nach 70stündigem Liegen in Wasser 0,795; die Wasseraufnahme betrug 48 %.

Im Oktober 1891 fällte ich im Revier Mochenthal neben den Versuchsflächen in Petershau 2 Waldkirschbäume, die mit dem vermuthlich von Nectria ditissima[2]), vielleicht aber nur durch Frost hervorgerufenen[3]) Krebs behaftet waren.

Bei einem derselben[4]) zeigte sich	specifisches Gewicht trocken	nass	Wasseraufnahme %
gesundes Holz	0,672	0,861	32
Krebsholz	0,968	1,021	9
gesunde Rinde	0,868	1,103	44
Krebsrinde	0,608	0,892	59

Auch hier fand sich also dasselbe, wie bei Tanne und Lärche, dass nämlich das vom Krebs ergriffene Holz ein ziemlich höheres specifisches Gewicht besitzt, als das gesunde, und umgekehrt die Wasseraufsaugung bei letzterem erheblich stärker ist.

---

[1]) Siehe Fig. 24 auf Tafel VIII.

[2]) Vgl. R. Hartig, Baumkrankheiten, 2. Aufl., S. 89.

[3]) Siehe daselbst und Kirchner, „Krankheiten unserer Kulturgewächse“, S. 244 und 293.

[4]) Siehe Fig. 4a und b auf Tafel II. Bei mikroskopischer Untersuchung im Frühjahr 1892 fand ich keinerlei Pilzmycel.

Die Untersuchungen des specifischen Lufttrockengewichts der Tanne ergaben nach Nördlinger und in Oesterreich[1]) 0,37—0,60, im Mittel 0,48 und 0,40—0,62, im Mittel ebenfalls 0,48[2]). Die von mir angestellten Erhebungen sind nicht zahlreich genug, um den vorigen gleichgestellt werden zu dürfen. Der Zweck derselben war aber auch nur, den erheblichen Unterschied zwischen dem gesunden und dem krebskranken Tannenholz festzustellen. Das hohe specifische Gewicht des letzteren könnte vielleicht auffallen, wenn man sich erinnert, dass die Breite der Jahrringe in den Krebsbeulen fast durchweg bedeutend grösser ist, als beim gesunden Holz desselben Stammtheils. Auf eine dichtere Lagerung des Holzstoffs im Krebsholz deutet jedoch schon der früher im Gegensatz zum gesunden Holz erwähnte Mangel der Eigenschaft, in dünnen Scheiben das Licht der Sonne stark durchscheinen zu lassen[3]). Eine Beobachtung Robert Hartig's erhellt jene Thatsache noch weiter. Derselbe sagt nämlich (a. a. O. S. 104): „Da die Qualität des Holzes, insoweit sie im specifischen Gewicht zum Ausdruck gelangt, von der mehr oder weniger guten Ernährung des Cambiums abhängt, so erklärt sich daraus, dass im Entwicklungsgange eines Baumes die Holzgüte mit der Zunahme des Massenzuwachses steigt, mit dessen Abnahme dagegen sinkt.“ §. 26.

Es besteht aber kein Zweifel darüber, dass die Krebsbeule auf Kosten ihrer Umgebung eine beträchtlich stärkere Ernährung ihres Cambiums erhält. Dies zeigt die oft stark eingebauchte Form des Stamms in der Nähe der Beule, der enge Jahrringbau in deren Umgebung und namentlich auch die chemische Untersuchung, wie sie im nächsten Unterabschnitt 5. zur Darstellung kommt.

So würde denn die Untersuchung eigentlich ergeben, dass das noch nicht von Zersetzung angegriffene Krebsholz in der Güte höher stehe, als das gesunde Tannenholz. Dies wäre auch zutreffend, wenn nicht noch andere technische Eigenschaften für die Verwendung der Tanne als Nutzholz gefordert werden müssten. Von diesen würden noch 2 weitere zu Gunsten des Krebsholzes sprechen.

---

[1]) Vgl. Gayer, Forstbenutzung, 5. Aufl., S. 33.

[2]) R. Hartig fand (das Holz unserer Nadelwaldbäume, S. 137—147) 0,376 bis 0,436, durchschnittlich 0,402 für den völlig trockenen Zustand.

[3]) Diese Eigenschaft kommt übrigens, nebenbei bemerkt, nicht etwa dem weitmaschigen Frühjahrsholz, sondern dem engzelligen Herbstholz zu.

Einmal das Verhalten gegen die Feuchtigkeit. Die Wasseraufsaugung des Krebsholzes beträgt, wie wir oben sahen, kaum die Hälfte von dem des gesunden Holzes. Dies wird sich schon im Walde gegenüber den Niederschlägen geltend machen, denen die von Rinde entblösste Krebsbeule ausgesetzt ist. Hier vermag das Wasser wohl mehr in die durch das Reissen in Folge des Wärmewechsels entstehenden feinen Spalten, als durch die feste Masse der Krebsbeule in das Stamminnere einzudringen und kann hierbei vielleicht auch die Sporen des Polyporus fulvus mitführen, falls diese nicht schon äusserlich ihre Angriffsfläche finden.

Eine weitere günstige Eigenschaft des Krebsholzes ist seine bedeutende Härte, wie sie jedem maserähnlichen Wuchs eigen ist. Dieselbe ist dem Holzhauer wohl bekannt, dessen Säge und Axt die Krebsbeule einen bemerkenswerthen Widerstand entgegensetzt. Letzterer giebt sich kund durch hellen, scharfen Klang. Ein Mass für die Härte des Krebsholzes kann nicht angegeben werden, da keine Versuche hierüber vorliegen. Ebenso steht es mit allen andern noch nicht besprochenen technischen Eigenschaften: Elasticität, Festigkeit in ihren verschiedenen Arten (Zug, Druck, Biegung, Drehung, Spaltung). Nur bezüglich der Spaltbarkeit kann gesagt werden, dass das Krebsholz solche in sehr geringem Maasse besitzt, im vollen Gegensatz zum gesunden Tannenholz. Die Spaltfläche zeigt sich ganz uneben, mit Splittern, Leisten und Rinnen versehen. Dies ist nicht Wunder zu nehmen, wenn man an den geschilderten, verworrenen anatomischen Bau des Krebsholzes denkt.

So ist denn das Bild über die technischen Eigenschaften des Krebsholzes ein ziemlich unvollständiges. Da ich mich nicht des Versuches schuldig machen will, Vermuthungen über jene noch nicht untersuchten Eigenschaften des Krebsholzes in Vergleich zum gesunden Holz aufzustellen, indem solche der zu fordernden sicheren Unterlage entbehren würden, so muss ich mich auf nachstehende Mittheilungen beschränken.

§. 27. Es schien sehr von Werth, zu hören, wie sich die Geschäftswelt über die Verwerthbarkeit des Krebsholzes zu Nutzwaren äussert. Die Herren Sägewerkbesitzer Carl Commerell in Höfen (Schwarzwald, die bekannte Firma Krauth & Cie.), der mir auch eine Anzahl Krebsstammabschnitte übersandte, und Richard Köckler in Herrenalb hatten die Güte, mir in dieser Richtung nähere Auskunft zu ertheilen. Da diese beiden grossen Sägewerke hauptsächlich Tannenholz verarbeiten, so liegt die Bedeutung ihrer Gutachten auf der Hand.

Herr Köckler schrieb mir am 8. December 1890:

„Ich finde Ihre Mittheilung, dass sich die meisten Krebsbildungen in einer Höhe über dem Boden von 4—9 m befinden, bestätigt, sogar noch weiter herunter, etwa 2—4 m über dem Stock kommt eine nicht unbedeutende Anzahl vor und gerade letztere sind bei stärkeren Stämmen (I. Kl. mindestens 18 m lang und 30 cm am Ablass) die Ursache der enormen Entwerthung gegenüber von normalen Hölzern.

Die stärkeren Tannen, die in ihrer Verwendung zu starken Balken, Durchzügen u. s. w. beim Hochbau nicht mehr sehr begehrt werden, weil beim Neubau von Fabriken, Kasernen und anderen Häusern die unteren Stockwerke grösstentheils in Eisenkonstruktion ausgeführt werden, sind zur Gewinnung von Brettern und Dielen, für Schreiner- und Möbelzwecke, für den Eisenbahnwagenbau u. s. w. ausersehen, und kann von einer solchen Tanne nur der untere Theil, gewöhnlich 1—2 Klotzlängen zu je 4,5 m verwendet werden; das weiter hinaufragende Holz eignet sich der überhand nehmenden Aeste wegen nicht mehr zu vorgedachten Zwecken.

Ist nun eine solche Tanne an ihrem unteren Theil bis auf eine Höhe von 9 m mit einem Krebs behaftet, so eignet sich der so beschaffene Klotz nicht zur Gewinnung von besseren Hölzern für die vorhin genannten Verwendungsarten und muss der Stamm eine anderweitige Ausnutzung erfahren. Gewöhnlich wird derselbe dann zu Bauholz (Balken) verschnitten; aber auch hier ist die Ausbildung des Krebses entscheidend darüber, ob nicht die Tragfähigkeit des zu gewinnenden Holzes durch denselben beeinträchtigt wird. Läuft nämlich die Krebsbildung um den Stamm ganz herum, so kommen bei Gewinnung eines Balkens die Jahrringe in der Längsrichtung an der Stelle aus ihrem parallelen Lauf, wo die Krebsbildung anfängt, verzetteln sich hier zu einem unregelmässigen Knäuel mit entsprechend grösserer Aufbauchung in den Abständen und nehmen erst da einen parallelen Fortlauf, wo der Krebs aufhört. Dass aber ein solches Stück Bauholz zu Zwecken, welche eine Tragkraft erfordern, nicht verwendet werden darf, ist einleuchtend.

Bei Stämmen, welche nur auf einer Seite Krebsbildung haben, zeigt sich der Schaden nur an der kranken Seite, während die Struktur der andern Seite in der Höhe des gegenüber befindlichen Krebses normal ist.

Vorstehende Auslassungen beziehen sich nur auf den sogenannten „gesunden Krebs". Aber sämmtliche Schnittwaaren, aus krebsigem Holz gewonnen, sind minderwerthig und nur zu vorübergehenden Zwecken verwendbar. Denn der weitaus grösste Theil der an einem Neubau verwendeten Hölzer hat eine gewisse Tragfähigkeit auszuhalten und würde es schwere Bedenken verursachen, eine krebsige Latte als Dachbelattung zu verwenden, wo eine einzelne Latte das Gewicht des Dachdeckers tragen muss, oder krebsige Dielen als Belag auf hohen Mauergerüsten zu verwenden.

Ueber das Imprägniren von krebsigem Holz kann ich Ihnen aus eigener Erfahrung keine Mittheilungen machen; es dürfte sich aber krebsiges Holz ebenfalls konserviren.

Es kommt auch häufig vor, dass ein aussen „gesund" scheinender Krebs nach der Mitte des Stammes in Fäulniss übergeht, welche sich dort mehr oder weniger ausdehnt, oder auch dass nur wenige Holzfasern oder Jahrringe in gewisser Breite von derselben angesteckt sind und diese Ansteckung den Stamm einige Meter in enger Grenze durchläuft."

Herr Carl Commerell schrieb sodann am 16. April 1891:

„Die seitherigen Untersuchungen der Krebsschäden, die ich in Folge Ihrer Anfrage vom December gemacht habe, gehen in ihrem Ergebniss nicht weit auseinander. Es kommt dies zweifelsohne daher, dass die schlimmen, schlechten Krebse schon bei der Aufbereitung im Walde ausgesägt werden und nur die sogenannten „gesunden Krebse" zur Verarbeitung kommen. Diese sind für gewöhnliche Verwendung der Seitenschwarten, in denen sie vorwiegend stecken, von keinem empfindlicheren Schaden, weil diese Seitenabfälle in der Hauptsache doch nur zu geringwerthiger Verwendung gelangen und für manche Zwecke, wie Kistenbretter, Fassdeckel u. s. w. immer noch brauchbar sind.

Etwas anderes ist es, wenn der Krebs tiefer geht und bis in's Herz reicht; eine Verwendung zu Balkenholz ist dann ganz ausgeschlossen; denn sobald der Krebs auch nur einseitig durch seine braune Färbung sichtbar wird, findet ein derartiges Stück als Tragholz keine Annahme seitens einer aufmerksamen Baubehörde. Denn wenn auch das betreffende Holz sonst dauerhaft ist und keine Befürchtungen für Fäulniss oder Schwammbildung zulässt, so hat ganz zweifellos seine Tragfähigkeit erhebliche Einbusse erfahren. Ein Verbrauch zu Wand- und Pfostenholz für Wohnhäuser und sonstige untergeordnetere Gebäude geht an und wird nirgends beanstandet.

Bei Krebsen, die ganz einseitig sind und nicht die Hälfte des Stammumfangs fassen, hilft man sich für Traghölzer oft in der Art, dass man aus einem derartigen Stamme, der seiner Stärke nach z. B. einen Balken von $^{18}/_{24}$ cm Querschnitt zuliesse, nur einen solchen von 18—20 cm herstellt und dadurch die vom Krebs angegriffene Seite als Schwarte abfallen lässt, deren Weiterverarbeitung als geringeres Brettermaterial für die Gesammtverwerthung des fraglichen Stammes immerhin eine Einbusse verursacht, die 5—10 % Mindererlös gleichkommen kann. Erst dieser Tage habe ich selbst eine derartige, mit ganz einseitigem Krebs behaftete Tanne I. Klasse statt zu einem Balken von $^{28}/_{39}$ cm Querschnitt, zu einem solchen von $^{21}/_{39}$ cm eintheilen lassen, wobei dann auch der betreffende Krebs ganz in der Seitenschwarte verblieb.

Was die Höhe des Krebses über dem Stockabschnitt betrifft, so findet man denselben bei uns meistens auf 6—10 m, bei 20—22 m ist er schon seltener. Bezüglich des Wuchses der mit Krebs behafteten Stämme glaube ich die Wahrnehmung gemacht zu haben, dass die betreffenden Stämme mit ganz wenig Ausnahmen gerade sind."

Es geht aus diesen beiden Schreiben deutlich hervor, welch' gründliche Abneigung das Sägegewerbe gegen den „gesunden" Krebs hat. (Der „kranke" Krebs wird überall schon im Walde ausgeschnitten und unter das Abfallholz geworfen, wo er zuweilen kaum die Aufarbeitung zu Beugholz lohnt.) Es sind insbesondere Bedenken gegen die Tragfähigkeit des gesunden Krebsholzes, welche beiden vorstehenden Mittheilungen zu Grunde liegen. Ob dies in Folge bezüglicher Versuche oder schlechter Erfahrungen mit Krebshölzern der Fall ist, geht aus denselben nicht hervor. Es wäre aber jedenfalls der Mühe werth, die Tragfähigkeit des Krebsholzes wissenschaftlich zu untersuchen. Es sind ja in den Gewerben oft nur Ansichten und wechselnde Geschmacksrichtungen, welche den Grad der Verwerthbarkeit einer Ware beeinflussen.

In einer Hinsicht freilich ist das Misstrauen gegen den Krebs jedenfalls gerechtfertigt. Wie geschildert, kann der Krebs äusserlich ganz „gesund" aussehen und ist trotzdem innen zuweilen mehr oder weniger stark von Fäulniss ergriffen, die in der Regel von dem Mycel des Polyporus fulvus herrühren wird. Die Verwendung zu stärkeren Balken scheint deshalb für alle Fälle nicht rathsam, auch wenn eine wissenschaftliche Untersuchung nicht von Fäulniss ergriffenen Krebsholzes kein so ungünstiges Ergebniss für dessen Tragkraft liefern würde. In jedem Falle aber, auch bei der Verarbeitung von Krebsholz zu Dielen, Brettern, Latten u. s. w. ist Vorsicht angezeigt, und schon dieser Umstand, im Verein mit der leichten Erkennbarkeit der Krebsstelle, ist geeignet, die Ware als Ausschuss u. dgl. bezeichnen zu lassen.

Man mag die Sache also so günstig ansehen, als es überhaupt möglich ist, so wird dem Krebsholz wohl immer eine gewisse Minderwerthigkeit ankleben.

Es ist sehr wichtig, in welcher Höhe über dem Boden der §. 28.
Krebs sich am Stamm befindet. Da der Handel mit Nadelholzstammholz an die Aufarbeitung nach bestimmten Ausmaassen gebunden ist[1]), so kann der Werth eines Stammes erheblich Noth leiden, wenn der Krebs sich an einer so ungeschickten Stelle befindet, dass die Aufbereitung nach den üblichen Maassen dadurch

---

[1]) Diese Maasse sind in württembergischen Staatswaldungen, im rheinischen Holzhandel und auch anderwärts folgende:

erschwert ist. Ein Beispiel mag dies erläutern. Der Probestamm No. 7 zur Versuchsfläche Rothau hätte bei ganz gesundem Zustand ergeben:

22 m Länge, 30 cm Ablass mit	3,32 Fm.	I. Kl.	zu 20 M.	=	66,40 M.
und 6 m „Draufholz" IV. Kl. -	0,26 -		- 12 -	=	3,12 -
				Zus.:	69,52 M.

Nun hatte dieser Stamm einen anscheinend gesunden Krebs in einer Höhe von 15 m, derselbe wäre deshalb in den Ausschuss gekommen, der z. B. im Schwarzwald durchweg um 10% niedriger angeschlagen wird. Der Verlust wäre hier somit 6,95 M. gewesen. Der Krebs musste jedoch bei näherer Untersuchung wegen zweifelhafter Beschaffenheit ausgeschnitten werden; so war die Verwerthung folgende:

14 m lang 41 cm Ablass mit	2,46 Fm.	Sägholz I. Kl.	zu 18 M.	=	44,28 M.
12 - - 16 - - -	0,86 -	Langholz IV. -	- 12 -	=	10,32 -
0,26 Fm. Ausschussholz zu 3 M. Anschlag				=	0,78 -
				Zus.:	55,38 M.

So betrug der Minderwerth 14,14 M. = 20,3%. Der Verlust wäre noch grösser gewesen, wenn der Krebs sich z. B. in 8 oder 9 m Höhe befunden hätte und ebenfalls hätte ausgeschnitten werden müssen.

In der Regel genügt es beim kranken Krebs, wenn 2—3 m weggesägt werden, aber für die herauszunehmenden Stücke, welche oft kaum noch Abfallholz ergeben, berechnet sich ein Ausfall von mindestens 75% und bis zu 100%.

In einigen Gegenden ist es auch üblich, Holz mit gesundem Krebs allgemein um eine Werthsklasse herunterzusetzen, was aber ein ungleicher Maassstab ist, denn bei Stammholz I. Kl. berechnet

---

Langholz	I. Kl.	18 m lang,	30 cm Ablass	(Revierpreis 20 M. für 1 Fm.)	
-	II. -	18 - -	22 - -	- 18 - - -	
-	III. -	16 - -	17 - -	- 15 - - -	
-	IV. -	8 - -	14 - -	- 12 - - -	
-	V. -	Stangen mit mehr als 14 cm Stärke bei 1 m über dem Stock 9 bis 10 M.			
Sägholz	I. Kl.	4,5, 9, 13,5, 14, 18 m lang, 30 cm Ablass, Mittendurchmesser mindestens 40 cm, Revierpreis 18 M.			
„	II. -	4,5, 9, 13,5, 14, 18 m lang, 30 cm Ablass, Mittendurchmesser mindestens 30 cm, Revierpreis 15 M.			
„	III. -	Länge beliebig, Ablass weniger als 30 cm, Revierpreis 12 M.			

sich dann allerdings auch ein Minderwerth von 10 %, bei Sägholz I. und Langholz II. Kl. aber ein solcher von 16,7 % und bei Langholz III. und Sägholz II. Kl. sogar von 20 %.

Die hier besprochenen Verwerthungsverhältnisse des Tannenkrebsholzes[1]) stehen zwar nur in mittelbarem Zusammenhang mit der Untersuchung der technischen Eigenschaften desselben. Es schien jedoch angemessen, dieselben kurz zu besprechen und dies geschah anhangsweise am besten in diesem Abschnitt.

5. Die chemische Untersuchung des Krebses.

Von Prof. Dr. Karl Seubert in Tübingen.

Die Untersuchung, über deren Ergebnisse nachstehend in Kürze berichtet wird, bezweckte festzustellen, welche Veränderungen Holz und Rinde der Weisstanne an den vom Krebs befallenen Stellen in ihrem Aschengehalte etwa erleiden. Das Material hierfür verdanke ich Herrn Oberförster Dr. Heck; leider war es in der Mehrzahl der Fälle zu knapp[2]), um eine Ausdehnung der Untersuchung in dem gewünschten Umfange zu gestatten, doch dürften die gewonnenen Ergebnisse immerhin einen Beitrag zur Lösung der angeregten Frage liefern. §. 29.

Die mir zur Verfügung gestellten Proben waren die nachstehend bezeichneten:

No. 1. Gesundes Holz auf der dem Krebs entgegengesetzten Seite; Spec. Gew. 0,605. Baumweg (Herrenalb), Buntsandsteinboden.

[1]) Bei der Verhandlung des badischen Forstvereins in Emmendingen im September 1882 erwähnte der damalige Oberförster Schweikhardt ein Beispiel aus einem Wald bei Gengenbach, wo für einen ganzen Schlag die Entwerthung durch Krebsholz durchschnittlich 5 M. vom Festmeter betrug.

[2]) Dies rührte davon her, dass ich mich erst nach der Rückkehr von der Versuchsreise und geraume Zeit nach Beginn dieser Schrift entschloss, Herrn Professor Dr. Seubert um die chemische Untersuchung mehrerer Krebsscheiben zu bitten, die ich für die forstliche Sammlung nach Tübingen gesandt hatte. Diese Scheiben waren verhältnissmässig dünn und lieferten namentlich wenig Rinde. Zugleich wollte ich Herrn Professor Seubert mit weiteren Proben nicht zu sehr in Anspruch nehmen. Die 4 Stammkrebse, die ich mit gütiger Erlaubniss meines Herrn Collegen Rau aus dem Revier Bodelshausen (Tübingen) aussuchte, wählte ich so, dass von den gesunden und kranken Theilen auf Wunsch des Herrn Professor Seubert je 50 Gramm geraspelt werden konnten. C. Heck.

No. 2. Krebsholz auf der angesteckten Seite; Spec. Gew. 0,838. Baumweg (Herrenalb.)

No. 3. Gesunde Rinde auf der dem Krebs entgegengesetzten Seite; Spec. Gew. 0,750. Baumweg (Herrenalb.)

No. 4. Verdickte Krebsrinde auf der angesteckten Seite; Spec. Gew. 0,739. Baumweg (Herrenalb.)

Diese vier Proben sind einem und demselben Stamme entnommen.

Ebenfalls von einem Stamme und zwar aus dem Distrikte Mittelbühl bei Ellwangen (Goldshöfer Sande) rühren die Proben No. 5 bis 8 her.

No. 5. Gesundes Holz auf der einem Krebsbruch entgegengesetzten Seite; Spec. Gew. 0,688.

No. 6. Morsches Holz, an dem der Krebsbruch erfolgte; Spec. Gew. 0,395.

No. 7. Gesunde Rinde an der dem Krebsbruch entgegengesetzten Seite; Spec. Gew. 0,786.

No. 8. Verdickte Rinde an der Stelle, an welcher Krebsbruch erfolgte; Spec. Gew. 0,720.

Zwei weitere Proben entstammen dem Weidenfelder Wald (Aalen) auf braunem Jura.

No. 9. Krebsholz; Spec. Gew. 0,767.

No. 10. Verdickte Krebsrinde; Spec. Gew. 0,768.

Die Proben 11 bis 14 endlich stammen aus dem Revier Bodelshausen bei Tübingen, auf schwarzem Jura.

No. 11. Gesundes Holz.

No. 12. Krebskrankes Holz.

No. 13. Gesunde Rinde.

No. 14. Krebskranke Rinde.

I. Veränderungen im Aschengehalt.

§. 30. Zur Bestimmung der Aschenmenge wurden die lufttrockenen Proben zunächst bei 102 bis 103° bis zum konstanten Gewichte getrocknet, was unter Anwendung des von Soxhlet beschriebenen Trockenschrankes[1]) im Kochsalzbade geschah. Die Einäscherung erfolgte in Platinschalen in einem thönernen Muffel-

[1]) Zeitschr. f. angewandte Chemie 1891, S. 363.

ofen bei niederer Rothglut und war eine so vollständige, dass in keinem Falle eine wägbare Menge Kohle zurückblieb; auch zeigten sich alle Proben frei von beigemengtem Sand. Zur Ueberführung der etwa entstandenen Aetzalkalien oder ätzenden alkalischen Erden in normale Karbonate wurde die Asche mit kohlensäurehaltigem Wasser übergossen, abgedampft und gelinde erhitzt.

Nach erfolgter Wägung wurden die Aschenproben in Salzsäure gelöst und jene von No. 1 bis 10, da ihre Menge meist nur einige Centigramme betrug, qualitativ, diejenigen der Proben No. 11 bis 14 auch quantitativ weiter untersucht. Ueber das Ergebniss siehe Abschnitt II.

Die gefundenen Aschenmengen wurden je auf 1000 Theile Trockensubstanz berechnet; die betreffenden Werthe stellen den Gehalt an „Rohasche“ dar, wenn man hierunter die kohlensäurehaltige Asche versteht. In No. 11 bis 14 konnte jedoch die Kohlensäure ermittelt und so der Gehalt an „Reinasche“ berechnet werden.

Tabelle I.

	Holz		Rinde		Holz		Rinde		Holz	Rinde	Holz		Rinde	
	gesund	krank	gesund	krank	gesund	krank	gesund	krank	krank	krank	gesund	krank	gesund	krank
Probe No.	1	2	3	4	5	6	7	8	9	10	11	12	13	14
Feuchtigkeit %	10,62	10,24	9,85	11,38	10,42	11,77	10,62	12,18	9,73	12,74	10,66	11,30	10,54	12,50
Trockensubstanz %	89,38	89,76	90,15	88,62	89,58	88,23	89,38	87,82	90,27	87,26	89,34	88,70	89,46	87,50
In 1000 Theilen Trockensubstanz sind enthalten:														
Rohasche (‰)	7,64	9,96	18,71	24,14	6,96	25,23*)	31,80	34,35	8,43	31,38	6,82	11,41	31,89	30,55
Reinasche (‰)	—	—	—	—	—	—	—	—	—	—	5,00	8,10	17,65	20,77
Verhältniss der Aschenmengen, wenn jene der gesunden Theile = 100 gesetzt wird; Rohasche	100	130,4	100	129,0	100	362,5*)	100	108,0	—	—	100	167,3	100	95,8
Reinasche	—	—	—	—	—	—	—	—	—	—	100	161,9	100	122,8

*) Vgl. die Bemerkung im Text.

Der Uebersichtlichkeit halber sind in der Tabelle I, welche die Ergebnisse der Aschenbestimmungen in Kürze wiedergiebt, die Aschenmengen der erkrankten Theile auf diejenigen der zugehörigen gesunden, letztere = 100 gesetzt, bezogen worden.

Wie aus dieser Tabelle ferner ersichtlich ist, zeigen sämmtliche Proben in ihrem Feuchtigkeitsgehalt in lufttrockenem Zustande keine bemerkenswerthen Unterschiede. Dagegen variirt der Aschengehalt recht erheblich. Die Rinden erweisen sich durchweg bedeutend aschenreicher als die Holzproben; während für letztere der Gehalt an Asche ungefähr 10 pro Mille beträgt, erreicht er bei den Rinden die Höhe von mehr als 30 pro Mille. Namentlich aber ist unverkennbar, dass bei den vom Krebs befallenen Theilen gegenüber den gesunden eine Anreicherung an Aschenbestandtheilen eingetreten ist. Es zeigt sich dies deutlich, wenn die für die erkrankten Partien gefundenen Werthe auf jene der gesunden (letztere = 100 gesetzt) bezogen werden.

Es ergeben sich dann, wie auch in der Tabelle angeführt, die Beziehungen:

	Holz		Rinde	
	gesund	krank	gesund	krank
Rohasche:				
Proben 1—4	100	130,4	100	129,0
- 5—8	100	362,5	100	108,0
- 11—14	100	167,3	100	95,8
Reinasche:				
Proben 11—14	100	161,9	100	117,7

Hinsichtlich des abnorm hohen Werthes 362,5 in der Probe 6 ist zu bemerken, dass das betreffende Holz von einer Stelle stammt, an welcher Krebsbruch erfolgte, und sich bereits im Zustande beginnender Verwesung befand, also mit den übrigen Werthen nicht direkt vergleichbar ist. Eine Ausnahme von der Regel, dass die krebsigen Theile reicher an Asche sind als die gesunden, scheinen die Proben 13 und 14 zu machen, wenn die Rohaschenmengen zu Grunde gelegt werden; wie jedoch die quantitative Analyse ergeben hat, ist die Asche von Probe 13 ungewöhnlich reich an Kohlensäure; setzt man statt der Rohaschen die kohlensäurefreien Reinaschen ein, so wird das Verhältniss auch hier normal.

Die Erhöhung des Aschengehaltes in Folge der Krebserkrankung ist beim Holz wohl meist etwas stärker als bei der Rinde und beträgt in den untersuchten Fällen für ersteres etwa ein bis zwei Drittel, für letztere höchstens ein Drittel des normalen Aschengehaltes.

II. Veränderungen in der Zusammensetzung der Asche.

Die Untersuchung konnte bei den Proben 1 bis 10 nur eine §. 31.
qualitative sein, da nur wenige Decigramme, in einigen Fällen sogar nur Centigramme, an Asche zur Verfügung standen. Doch wurden, wo es sich um Proben von gleicher Herkunft handelte, die Reaktionen hinsichtlich ihrer Stärke miteinander verglichen.

In der Mehrzahl der Fälle verrieth sich ein erheblicherer Mangangehalt schon durch die hellgrüne Färbung einzelner Partien der Asche, und bei nachfolgender Behandlung derselben mit kohlensäurehaltigem Wasser zeigte sich die Flüssigkeit durch das entstandene Permanganat mehr oder minder stark purpurroth gefärbt. Bei den Proben No. 1 bis 4 wurde die Wahrnehmung gemacht, dass die Asche von gesundem Holz und Rinde kaum Spuren von Mangan, diejenige der erkrankten Theile aber reichliche Mengen dieses Elementes enthielt. Da dies jedoch nicht bei allen Proben sich als zutreffend erwies, so musste die Annahme, dass die Anreicherung an Mangan eine charakteristische Folge der Erkrankung sei, wieder fallen gelassen werden, um so mehr, als die quantitative Bestimmung des Mangans in den Proben 11 und 12 einen Rückgang des Mangangehaltes im erkrankten Holze auf etwa $^1/_3$ gegenüber jenem des gesunden ergab, während allerdings die kranke Rinde in Probe 14 wieder einen doppelt so hohen Mangangehalt zeigte als die gesunde in Probe 13. Auffallend trat bei sämmtlichen qualitativ untersuchten Proben die Erscheinung hervor, dass in den Aschen der erkrankten Theile der Kaligehalt, verglichen mit demjenigen der gesunden, eine Anreicherung, der Kalkgehalt dagegen einen Rückgang erfahren hatte, eine Wahrnehmung, welche durch die quantitative Analyse bestätigt wurde.

Zur quantitativen Analyse dienten die Proben No. 11—14, aus dem Revier Bodelshausen im Steinlachthale vom schwarzen Jura (Lias) stammend. Um Durchschnittswerthe zu gewinnen, waren von vier 52 bis 61 jährigen Weisstannen an den krebskranken Stellen und 30 bis 40 cm unterhalb derselben je Proben von Holz und Rinde entnommen worden. Diese wurden getrennt geraspelt und von gesundem und krankem Holz, gesunder und kranker Rinde je vier Proben zu 50 Gramm abgewogen und sorgfältig gemischt. Es stellen also die betreffenden Zahlen die Durchschnittswerthe von vier auf gleichem Standort erwachsenen Stämmen dar.

Methode der quantitativen Analyse.

§. 32. Die lufttrockenen Proben wurden auch hier zunächst im Kochsalzbade bei 102 bis 103° bis zum konstanten Gewichte getrocknet und so der Feuchtigkeitsgehalt bestimmt. Das Einäschern geschah bei möglichst niederer Temperatur in Platinschalen in einem thönernen Muffelofen und war, wie schon erwähnt, leicht so vollständig zu bewerkstelligen, dass die Asche beim Auflösen in Säure keine wägbaren Kohletheilchen mehr zurückliess. Zur Ueberführung der etwa entstandenen kaustischen Alkalien oder Erdalkalien in Karbonate wurde die Asche mit kohlensäurehaltigem Wasser übergossen, abgedampft und gelinde erhitzt, sodann gewogen.

Die sämmtlichen Aschenproben gehörten zur Klasse der stark alkalischen und waren durch Salzsäure völlig aufschliessbar; die nach wiederholtem Abdampfen mit Salzsäure zurückbleibende Kieselsäure war frei von Kohle und Sand und konnte daher direkt geglüht und gewogen werden. Entgegen der allgemeinen Regel war der Kieselsäuregehalt des Holzes in diesen Proben höher als der der Rinde. Die von Kieselsäure befreite Lösung wurde auf ein bestimmtes Volum gebracht und in einem abgemessenen Theile derselben die Menge der Schwefelsäure und der Alkalien ermittelt. Erstere wurde in der üblichen Weise als Baryumsulfat abgeschieden und gewogen, letztere, nach Entfernung der übrigen Basen mittelst reinem Kalkhydrat und Ausfällen des Ueberschusses an diesem Reagenz durch Ammonkarbonat, als Chloride gewogen. Das Kalium wurde sodann in Kaliumplatinchlorid übergeführt, das Natrium aus der Differenz berechnet.

Die Bestimmung der übrigen Basen, sowie der Phosphorsäure geschah in der Weise, dass aus dem Reste der Lösung zunächst Eisen und Phosphorsäure durch doppelte Fällung aus schwach essigsaurer Lösung abgeschieden, gelinde geglüht und gewogen wurden. Der Niederschlag wurde sodann in Salpetersäure gelöst und die darin enthaltene Phosphorsäure, auf deren genaue Bestimmung grosses Gewicht gelegt wurde, nach der Molybdänmethode abgeschieden und als Magnesiumpyrophosphat gewogen, das Eisenoxyd aber aus der Differenz berechnet.

Da die qualitative Analyse ergeben hatte, dass nur in der Asche des gesunden Holzes das Eisenoxyd zur Bindung der gesammten Phosphorsäure ausreichte, in den drei anderen Proben aber ein grösserer oder geringerer Theil der Phosphorsäure an Kalk gebunden erschien, so gestaltete sich die weitere Behandlung des Filtrates bei letzteren entsprechend verschieden.

Im ersteren Falle wurde das Mangan mittelst Schwefelammonium gefällt und als Sulfür gewogen, das Filtrat mit Salzsäure übersättigt, eingedampft und der Rückstand zur Verjagung des grössten Theiles der Ammoniumsalze gelinde geglüht. Aus der durch Ausziehen des Rückstandes mit Salzsäure erhaltenen Lösung wurde der Kalk mit Ammoniak und oxalsaurem Ammonium gefällt und als Calciumoxyd gewogen, aus dem Filtrate die Magnesia als Ammoniummagnesiumphosphat abgeschieden und als Pyrophosphat bestimmt.

Etwas umständlicher gestaltete sich das Verfahren zur Analyse der übrigen drei Aschenproben, in denen ausser der an Eisenoxyd gebundenen Phosphorsäure noch weitere, an Kalk gebundene vorhanden war. Die geringe Menge der Asche liess nämlich eine nochmalige Theilung der Lösung nicht rathsam erscheinen, vielmehr schien es geboten, die nicht an Eisen gebundene Phosphorsäure in der gleichen Lösung wie die übrigen Basen zu bestimmen.

Zu diesem Zwecke wurde aus dem Filtrate vom Ferriphosphatniederschlage durch Zusatz von Eisenchlorid und Erhitzen zum Sieden der Rest der Phosphorsäure nebst dem Ueberschuss des Eisens gefällt, die Fällung wiederholt und im Niederschlage die Phosphorsäure nach der Molybdänmethode ermittelt.

In den vereinigten Filtraten dieser zweiten Phosphorsäurefällung wurden Mangan, Kalk und Magnesia wie früher bestimmt. Auf die Ermittelung von Kohlensäure und Chlor musste aus Mangel an Substanz verzichtet werden, was um so eher geschehen konnte, als die erstere aus der Differenz sich sehr angenähert ergeben musste, das letztere aber für die Ernährung der Pflanze von keiner erheblichen Bedeutung ist.

Auf die Wiedergabe des sehr umfangreichen Zahlenmaterials der einzelnen Versuche kann hier verzichtet werden; sämmtliche Bestimmungen sind von mir selbst mit Sorgfalt ausgeführt und berechnet worden und dürfen Anspruch auf Zuverlässigkeit erheben.

Die nachstehende Tabelle II enthält das Ergebniss der Versuche, ausgedrückt unter 1. in Procenten der kohlensäurehaltigen, jedoch kohle- und sandfreien Asche, unter 2. auf kohlensäurefreie Reinasche umgerechnet. Die Ausscheidung der Kohlensäure bei der schliesslichen Berechnung, wie sie jetzt meist geschieht, ist um so begründeter, als der Gehalt der Asche an Kohlensäure mancherlei Zufälligkeiten unterworfen ist und überdies die Kohlensäure selbst nur als Zersetzungsprodukt in Folge der Veraschung auftritt. So ist in Probe 13 der Kohlensäuregehalt von 44,65 % ein ungewöhnlich hoher, wodurch die Menge der Rohasche dieser gesunden Rinde jene der erkrankten Rinde Probe 14 übertrifft, während sich nach Eliminirung der Kohlensäure das Verhältniss umkehrt.

Die ziemlich spärlichen Angaben über die Zusammensetzung der Asche von Holz und Rinde der Weisstanne zeigen, dass dieselbe auch bei gesunden Pflanzen starken Schwankungen unterworfen ist, je nach dem Standort; in Tabelle II sind unter 3. eine Anzahl solcher Analysen wiedergegeben, zunächst in Procenten der kohlensäurehaltigen Reinasche, unter 4. dieselben, von mir auf kohlensäurefreie Reinasche umgerechnet.

Auffallend ist in diesen Analysen ebenfalls der hohe Kohlensäuregehalt der Asche der gesunden Rinde, der sich dem von mir gefundenen sehr nähert. Die Zusammenstellung lässt zugleich deutlich erkennen, dass nur Werthe vergleichbar sind, die sich auf ein und denselben Baum oder doch auf Stämme beziehen, die auf gleichem Standort in engem Umkreise erwachsen sind.

Tabelle II.

Probe	Weisstanne	Sand und Kohle	Kohlensäure, CO_2	Kali, K_2O	Natron, Na_2O	Kalk, CaO	Magnesia, MgO	Eisenoxyd, Fe_2O_3	Manganoxyd, Mn_2O_3	Phosphorsäure, P_2O_5	Schwefelsäure, SO_3	Kieselsäure, SiO_2
	1. In 100 Theilen Rohasche von:											
11	Holz, gesund	—	26,66	30,01	2,48	19,52	2,05	3,58	2,69	2,85	3,90	6,26
12	Holz, krebskrank	—	29,02	49,40	0,27	8,01	2,79	2,00	0,91	2,21	1,75	3,64
13	Rinde, gesund	—	44,65	10,45	0,20	34,68	1,87	1,21	2,54	2,35	1,06	1,00
14	Rinde, krebskrank	—	32,01	23,09	0,22	23,26	3,63	1,73	6,62	4,10	3,17	2,17
	2. In 100 Theilen Reinasche von:											
11	Holz, gesund	—	—	40,92	3,39	26,62	2,79	4,88	3,67	3,88	5,32	8,54
12	Holz, krebskrank	—	—	69,60	0,38	11,29	3,93	2,82	1,28	3,11	2,47	5,13
13	Rinde, gesund	—	—	18,88	0,36	62,66	3,38	2,19	4,59	4,24	1,91	1,80
14	Rinde, krebskrank	—	—	33,96	0,32	34,21	5,34	2,54	9,73	6,04	4,67	3,20
*)	3. In 100 Theilen kohlensäurehaltiger Reinasche von:											
	Stammholz, gesund	—	28,45	44,62	0,71	10,17	8,84	0,81	?	5,05	?	1,35
	Stammrinde, „	—	43,92	20,46	0,38	14,72	7,14	3,61	?	6,73	?	3,04
	Holz, Gipfelstück, gesund	—	33,26	35,12	1,08	12,10	9,26	0,65	?	7,22	?	1,31
	Rinde, „ „	—	43,37	20,16	0,53	12,92	6,04	3,97	?	9,18	?	3,83
	4. In 100 Theilen Reinasche von:											
	Stammholz, gesund	—	—	62,36	0,99	14,21	12,36	1,13	?	7,06	?	1,89
	Stammrinde, „	—	—	36,48	0,68	26,25	12,73	6,44	?	12,00	?	5,42
	Holz, Gipfelstück, gesund	—	—	52,62	1,62	18,13	13,88	0,97	?	10,82	?	1,96
	Rinde, „ „	—	—	35,60	0,94	22,81	10,67	7,01	?	16,21	?	6,76

Die Analysen der Bodelshauser Proben No. 11 bis 14 zeigen als bemerkenswertheste Thatsache in den kranken Theilen ein starkes Anwachsen des Kaligehaltes und einen Rückgang im Kalkgehalt, wie dieses auch bei der qualitativen Untersuchung der anderen Aschenproben beobachtet worden war.

Das Verhältniss beider in den gesunden und kranken Theilen ist:

*) Wolff, Aschenanalysen II. Bd., S. 97.

	Kali		Kalk	
	gesund	krank	gesund	krank
Im Holze	1	1,701	2,358	1
In der Rinde	1	1,799	1,832	1

Es steigt also in Folge der Krebserkrankung der Kaligehalt sowohl im Holz, als in der Rinde auf annähernd das Doppelte des normalen Gehaltes, während der Kalkgehalt auf etwa den halben Werth herabgeht.

Die übrigen Aschenbestandtheile lassen ähnlich auffallende Beziehungen nicht erkennen; sie zeigen im erkrankten Holze dem gesunden gegenüber meist einen Rückgang, in der kranken Rinde dagegen eine Anreicherung.

Sehr übersichtlich lassen sich die Ergebnisse der quantitativen Analyse der Aschenproben in der Weise graphisch darstellen, wie dies in den Tafeln A und B nachstehend geschehen ist. In gleichen Abständen sind die dem Procentgehalt an den betreffenden Aschenbestandtheilen entsprechenden Senkrechten errichtet, für die gesunden Proben in ausgezogenen, für die erkrankten in punktirten Linien, und zwar der leichteren Unterscheidbarkeit halber nebeneinander. Verbindet man nun die zusammengehörigen Endpunkte der Senkrechten durch Linien, so tritt sowohl das gegenseitige Mengenverhältniss der Aschenbestandtheile, als auch die Verschiedenheit desselben in den gesunden und kranken Theilen deutlich hervor.

Das vorstehend formulirte Ergebniss kann natürlich, weil nur auf einige wenige Bestimmungen basirt, noch keinen Anspruch auf allgemeine Gültigkeit machen; ob ihm eine solche zukommt, müssen umfassendere Versuche zeigen, zu deren Durchführung mir die erforderliche Zeit leider nicht zu Gebote steht. Mögen diese Mittheilungen den Anstoss zur weiteren Verfolgung der Frage geben!

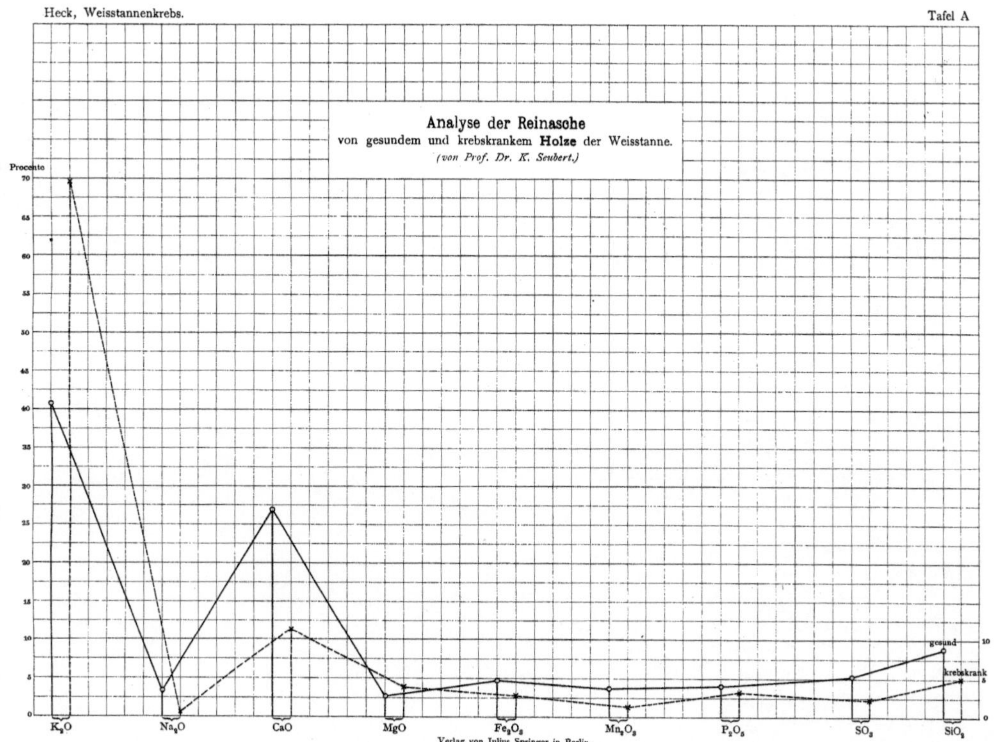

Verlag von Julius Springer in Berlin.

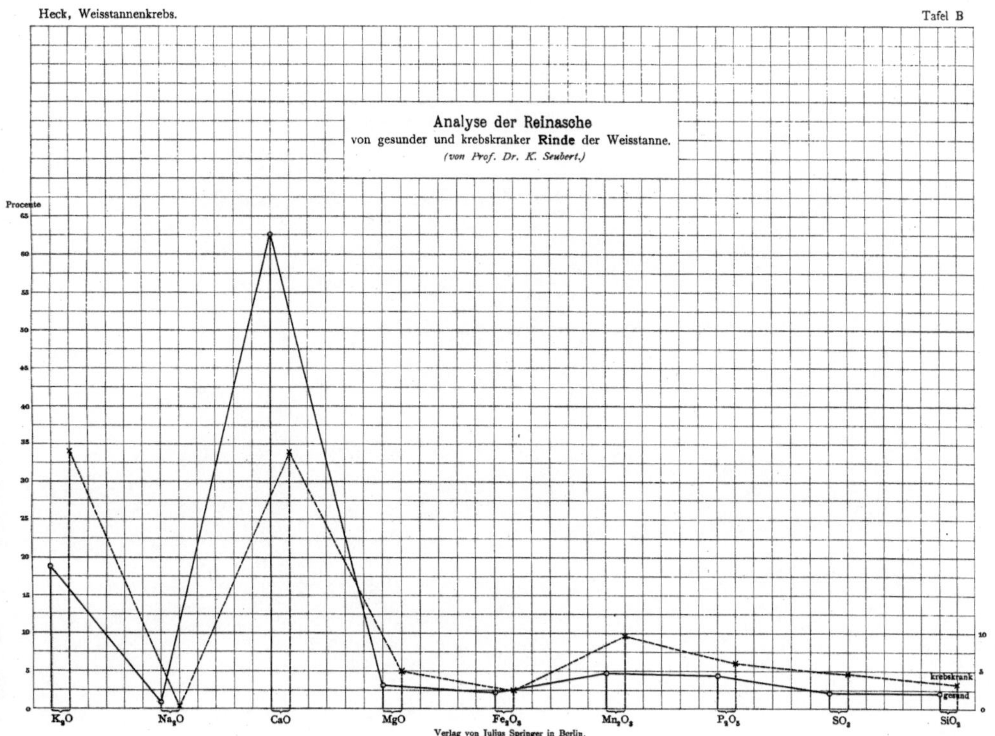

Verlag von Julius Springer in Berlin.

Zweiter Abschnitt.

Die waldbauliche und wirthschaftliche Bedeutung des Weisstannenkrebses.

Die Frage, ob dem Weisstannenkrebs eine waldbauliche oder überhaupt wirthschaftliche Bedeutung zukommt, ist dahin zu beantworten, dass dies von dem Augenblick an der Fall ist, wo der Krebs in gemischten oder reinen Tannenbeständen nicht mehr blos eine nur den Botaniker anziehende Seltenheit ist, sondern in bemerkenswerther Anzahl und an herrschenden Stämmen der Bestände auftritt. §. 33.

Um ein Urtheil darüber zu gewinnen, ob der Krebs nur eine örtlich häufiger auftauchende Krankheit ist, so wie es Anhäufungspunkte und Fundorte seltener Pflanzen giebt, oder ob dies nicht zutrifft, muss das Auftreten und die Vertheilung derselben auf die Bestandsglieder in verschiedenen Landesgegenden näher untersucht werden. Dies konnte einmal durch eine Umfrage geschehen, wie solche mit Genehmigung der K. Forstdirektion zu Stuttgart im März 1880 durch Herrn Professor Dr. Kirchner in Hohenheim bei einer grösseren Anzahl von Revieren geschah. Wir werden auf die Ergebnisse derselben später näher zurückkommen. Für eine wissenschaftliche, weil genauester Beobachtung zugängliche, Untersuchung bieten sich jedoch in hochwillkommener Weise die Versuchsflächen in Weisstannenbeständen dar.

Dieselben sind möglichst normal, in allen Tannengebieten des Landes zerstreut, und alle wünschenswerthen Erhebungen finden auf gegebener, genau bekannter Fläche statt[1]). Die Behandlung

[1]) Dieselben sind verpflöckt und mit kleinen Stückgräben umgeben; seit

der besonderen Aufnahme der mit Krebs behafteten Stämme ist bereits im Vorwort erwähnt. Von Stämmen, welche mehrere Krebsbeulen am Schaft besassen, wurde der Durchmesser in Brusthöhe nur einmal aufgezeichnet. Ein Einwand derart, dass namentlich in älteren Beständen und bei den in der Baumkrone befindlichen Krebsen ein Uebersehen derselben nicht selten vorkommen werde, fällt bei der Art und Weise jener Aufnahmen nicht in's Gewicht. Dieselben gingen stets derart vor sich, dass zuerst der Nebenbestand nach ein- bis zweimaligem Auszeichnen der Durchforstung gefällt wurde. Da dieses Auszeichnen arbeitsplanmässig nach der Entwicklung und gegenseitigen Lage der Baumkronen der verschiedenen Stammklassen erfolgt, so entgingen schon hier wenige Krebsbeulen dem nach denselben forschenden eigenen Blick und dem des darauf eingeschulten Gehilfen. Was aber allenfalls übersehen wurde, fand sich sicher nach Ausscheidung des den Blick da und dort hemmenden Nebenbestandes bei der Aufnahme des bleibenden Hauptbestandes, wo jeder einzelne Stamm besonders in's Auge gefasst wird. Hierbei kommt auch die sehr in's Auge fallende Gestalt der Krebsbeulen und der Umstand zu Statten, dass dieselben vorwiegend an der unteren Hälfte des Schafts sich befinden. Eine Verwechslung mit durch die Mistel erzeugten Anschwellungen, welche von ganz anderer Gestalt sind, als die Krebsbeulen, ist nicht möglich. Wo je Zweifel ausnahmsweise bei hochgelegenen Beulen vorkamen, entschied ein guter Feldstecher. Der Schaft ist auch selten von den Zweigen so stark verhüllt, dass es nicht möglich wäre, denselben von mehreren Seiten innerhalb der Baumkrone zu beobachten.

§. 34. Durch diese Umstände scheint die Genauigkeit der Aufzeichnungen über die Verbreitung des Krebses als eine wohl gesicherte. Das Ergebniss derselben ist in Tabelle 4 ausführlich niedergelegt, in welcher die Versuchsflächen nach ihrem Alter geordnet sind. Letzteres steht allerdings noch nicht endgiltig fest, weil die Behandlung des „engringigen Kerns“[1]) bei der Weisstanne noch

mehreren Jahren erhält auch jeder Stamm der Versuchsfläche seine 1,3 m über dem Boden anzubringende Brusthöhenmarke, so dass die Genauigkeit der Aufnahme gesichert ist.

[1]) Vgl. Lorey's Aufsatz über die Altersermittlung von Weisstannenbeständen in der Allgem. Forst- u. Jagdzeitung 1882 S. 265 ff.

Schwierigkeiten macht. Vorerst ist als Bestandsalter nur das arithmetische Mittel aus dem Alter der Probestämme angenommen. Letzteres ist aber nach der in Lorey's Weisstanne[1]) S. 15/16 aufgestellten Regel für die Behandlung des engringigen Kerns berechnet. Liegt einmal die Bearbeitung und Veröffentlichung der zweiten Weisstannenaufnahme vor, so werden diese Bestandsalter wohl durchweg eine ganz kleine Erhöhung erfahren, die aber schwerlich, soweit es sich nur um eine Berichtigung nach der Berechnung als Massenalter handeln sollte, im Durchschnitt mehr als zwei Jahre betragen wird.

Die Zusammenstellung der Ergebnisse der besprochenen Tabelle hat, wie diese selbst, mit Unterscheidung in den undurchforsteten Gesammtbestand, den bleibenden Hauptbestand und den unmittelbar vor Aufnahme des letzteren ausgeschiedenen Nebenbestand zu erfolgen. Zur Art und Weise der Durchforstung ist zu bemerken, dass dieselbe an der Hand des Arbeitsplans des Vereins der deutschen forstlichen Versuchsanstalten für Durchforstungsversuche ausgeführt wurde[2]). Hierbei kam die schwache Durchforstung (A-Grad), welche nur die abgestorbenen und absterbenden Stämme entfernt, nirgends zur Anwendung; die mässige (B) Durchforstung mit Entfernung der unterdrückten Stämme bei Fläche No. 16 im Buchberg und ohne Zweifel auch bei den vier hohenzollernschen Flächen im Lindenwald (No. 6—9), die ich bereits in diesem Zustand antraf; die starke Durchforstung (C-Grad), welche auch „alle zurückbleibenden Stämme ergreift, die an der Bildung des Bestandsschlusses noch theilnehmen, deren grösster Kronendurchmesser aber tiefer liegt, als der grösste Kronendurchmesser der herrschenden Stämme“, wurde nur bei zwei Flächen, No. 15 und 17 im Buchberg des Neuenbürger Stadtwalds, angewandt. Alle übrigen Versuchsflächen wurden in einem in der Mitte zwischen B und C liegenden Grad durchforstet, wie bei der ersten Aufnahme 1881/82, indem derselbe den bisherigen Gewohnheiten der forstlichen Praxis am meisten entspricht.

---

[1]) Ertragstafeln für die Weisstanne. Sauerländer, Frankfurt 1884.

[2]) Vgl. Ganghofer: Das Forstliche Versuchswesen. Augsburg 1882, Band II, Heft 1 S. 251 f.

Tabelle 4

Der Stammkrebs

nach Häufigkeit und Ver

Bemerkung: Sämmtliche auf 1 ha bezogene Zahlen dieser Tabelle sind vom Verfasser mit den Crelle'schen 1 Decimale auf- bezw. abgerundet. Die Berechnung entspricht

No. Durchforstungsgrad	Revier	Versuchs-Fläche, bezw. Abtheilung	Meereshöhe m	Lage und Steilheit, Grundgestein	Standortsklasse	Alter Jahre	Stammzahl auf 1 ha: Tannen	Stammzahl auf 1 ha: andere Hölzer	Tannen Stammzahl		= %
1 (B, C)	Schwann	**Bildstöckle**	660	NNW 14 % Buntsandstein	I	44	2235	—	gehauen	1301	37
									bleibend	2235	63
									zusammen	3536	

Auf 1,0 ha:

Derbholzdurchschnittszuwachs $Z = \left(\frac{262,4}{44,5}\right) = 5,9$ Fm.

Mittlere Bestandshöhe $H = 13,4$ m

Mittlerer Bestandsdurchmesser $D = 15,1$ cm

Durchforstungsanfall (Derbholz) $m = 46$ Fm.

*** Anzahl und procentisches Verhältniss der Krebsstämme des bleibenden Hauptbestands, welche zu den 600 stärksten Stämmen des Bestands (bzw. zu dem allein noch übrig gebliebenen Haubarkeitsbestand) gehören.**

No. Durchforstungsgrad	Revier	Versuchs-Fläche, bezw. Abtheilung	Meereshöhe m	Lage und Steilheit, Grundgestein	Standortsklasse	Alter Jahre	Stammzahl auf 1 ha: Tannen	Stammzahl auf 1 ha: andere Hölzer	Tannen Stammzahl		= %
2 (B, C)	Schwann	**Rotwiesle**	630	NNO 13 % Buntsandstein	I	47	2044	—	gehauen	1092	35
									bleibend	2044	65
									zusammen	3136	

$Z = \left(\frac{310,4}{47}\right) = 6,6$ Fm.

$H = 14,8$ m

$D = 16,3$ cm

$m = 56$ Fm.

No. Durchforstungsgrad	Revier	Versuchs-Fläche, bezw. Abtheilung	Meereshöhe m	Lage und Steilheit, Grundgestein	Standortsklasse	Alter Jahre	Stammzahl auf 1 ha: Tannen	Stammzahl auf 1 ha: andere Hölzer	Tannen Stammzahl		= %
3 (B, C)	Aalen	**Weiherschlag**	455	N 13 % brauner Jura α	II	48	2644	128*	gehauen	2452	48
									bleibend	2644	52
									zusammen	5096	

$Z = \left(\frac{177,0}{48}\right) = 3,7$ Fm.

$H = 14,3$ m

$D = 11,1$ cm

$m = 65$ Fm.

(zu Seite 76).

der Weisstanne

theilung im Gesammtbestand.

Tafeln auf 4 Decimalen genau berechnet, mit dem Weber'schen Rechenkreis nachgeprüft und auf Ganze oder daher strengen Anforderungen an die Genauigkeit.

auf 1 ha							
insgesammt Kreisfläche □-m	= %	hiervon Krebsstämme Stammzahl	= %	Kreisfläche	= %	in % des gesammten Tannenbestands: Stammzahl	Kreisfläche
8,1	17	58	70	1,0	59	4,4	12,6
39,9	83	25	30	0,7	41	1,1	1,7
48,0		83		1,7		2,3	3,6

Der Mittelstämme

	aller Tannen	der Krebstannen
	Durchmesser cm	
gehauen	8,9	15,0
bleibend	15,1	19,0
zusammen	13,2	16,3

Bemerkungen

$K_{600}{}^{*} = 21^{*} = 83^{*}\,\%$

$H_k{}^{**} = 3,5\,\%$

** Antheil der Zahl der Krebsstämme an den 600 stärksten Stämmen des Bestands (bzw. an der Stammzahl des Haubarkeitsbestands).

8,4	16	64	76	1,2	65	5,9	14,4
42,7	84	20	24	0,6	35	1,0	1,5
51,1		84		1,8		2,7	3,6

Der Mittelstämme

	aller Tannen	der Krebstannen
	Durchmesser cm	
gehauen	9,9	15,4
bleibend	16,3	20,5
zusammen	14,4	16,7

Bemerkungen

$K_{600} = 16 = 80\,\%$

$H_k = 2,7\,\%$

8,2	25	136	83	1,3	63	5,5	15,3
24,6	75	28	17	0,7	37	1,1	3,0
32,8		164		2,0		3,2	6,1

Der Mittelstämme

	aller Tannen	der Krebstannen
	Durchmesser cm	
gehauen	6,5	10,9
bleibend	10,9	18,3
zusammen	9,1	12,5

Bemerkungen

* Fichten

$K_{600} = 20 = 71\,\%$

$H_k = 3,3\,\%$

No. Durchforstungsgrad	Revier	Versuchs-Fläche, bezw. Abtheilung	Meereshöhe m	Lage und Steilheit, Grundgestein	Standortsklasse	Alter Jahre	Stammzahl auf 1 ha Tannen	Stammzahl auf 1 ha andere Hölzer	Tannen	Stammzahl	= %
4 (B, C)	Schwann	**Kieselrain**	660	SSO 8 % Buntsandstein	I	51	1820	4	gehauen	996	35
									bleibend	1820	65
									zusammen	2816	
5 (B, C)	Aalen	**Jägersteig**	455	NNO 15 % brauner Jura α	II	52	2392	132*	gehauen	820	25
									bleibend	2392	75
									zusammen	3212	
6 (B)	Hechingen (Hohenzollern)	**Lindenwald** Fläche 1	570	WNW 31 % brauner Jura α	I	56	3505	6	gehauen	1281	27
									bleibend	3505	73
									zusammen	4786	
7 (B)	Hechingen	**Lindenwald** Fläche 2	570	NW 16 % brauner Jura α	II	56	4243	75*	gehauen	1688	29
									bleibend	4243	71
									zusammen	5931	

No. 4:

$Z = \left(\frac{324,1}{51}\right) = 6,4$ Fm.
H = 15,7 m
D = 17,3 cm
m = 68 Fm.

No. 5:

$Z = \left(\frac{266,1}{52}\right) = 5,1$ Fm.
H = 14,6 m
D = 13,4 cm
m = 41 Fm.

No. 6:

$Z = \left(\frac{223,0}{56}\right) = 4,0$ Fm.
H = 11,9 m
D = 11,9 cm
m = 28 Fm.

No. 7:

$Z = \left(\frac{194,2}{56}\right) = 3,5$ Fm.
H = 11,0 m
D = 10,4 cm
m = 28 Fm.

auf 1 ha							
insgesammt		hiervon Krebsstämme					
Kreisfläche □-m	= %	Stammzahl	= %	Kreisfläche	= %	in % des gesammten Tannenbestands: Stammzahl	in % des gesammten Tannenbestands: Kreisfläche
9,4	18	84	95	2,0	85	8,4	21,4
43,1	82	4	5	0,4	15	0,2	0,8
52,5		88		2,4		3,1	4,5

Der Mittelstämme Durchmesser cm	aller Tannen	der Krebstannen
gehauen	11,0	17,5
bleibend	17,3	34,0
zusammen	15,4	18,6

Bemerkungen

$K_{600} = 4 = 100\,\%$
$H_k = 0,7\,\%$

Kreisfläche □-m	= %	Stammzahl	= %	Kreisfläche	= %	Stammzahl	Kreisfläche
4,8	13	80	80	0,8	56	9,8	16,2
32,1	87	20	20	0,6	44	0,8	1,9
36,9		100		1,4		3,1	3,8

Der Mittelstämme Durchmesser cm	aller Tannen	der Krebstannen
gehauen	8,7	11,2
bleibend	13,1	19,6
zusammen	12,1	13,3

Bemerkungen

* Fichten
$K_{600} = 12 = 60\,\%$
$H_k = 2,0\,\%$

Kreisfläche □-m	= %	Stammzahl	= %	Kreisfläche	= %	Stammzahl	Kreisfläche
6,5	14	?		?		?	?
39,1	86	140		2,3		4,0	5,87
45,6		?		?		?	?

Der Mittelstämme Durchmesser cm	aller Tannen	der Krebstannen
gehauen	8,1	?
bleibend	11,9	13,5
zusammen	11,0	?

Bemerkungen

$K_{600} = 57 = 41\,\%$
$H_k = 9,5\,\%$

Kreisfläche □-m	= %	Stammzahl	= %	Kreisfläche	= %	Stammzahl	Kreisfläche
7,9	18	?		?		?	?
35,7	82	166		1,5		3,9	4,3
43,6		?		?		?	?

Der Mittelstämme Durchmesser cm	aller Tannen	der Krebstannen
gehauen	7,7	?
bleibend	10,3	10,9
zusammen	9,7	?

Bemerkungen

* Fichten
$K_{600} = 25 = 15\,\%$
$H_k = 4,2\,\%$

No. Durchforstungsgrad	Revier	Versuchs-Fläche, bezw. Abtheilung	Meereshöhe m	Lage und Steilheit, Grundgestein	Standortsklasse	Alter Jahre	Stammzahl auf 1 ha Tannen	Stammzahl auf 1 ha andere Hölzer	Tannen Stammzahl	= %
8 (B)	Hechingen	**Lindenwald** Fläche 4	570	NNW 8 % brauner Jura α	I	56	4673	21*	gehauen 1275 bleibend 4673 zusammen 5948	21 79
9 (B)	Hechingen	**Lindenwald** Fläche 3	570	NW 26 % brauner Jura α	II	58	4227	96*	gehauen 818 bleibend 4227 zusammen 5045	16 84
10 (B, C)	Aalen	**Kälblesrain**	455	NNW 13 % brauner Jura α	II	58	1820	69 (Fichten)	gehauen 838 bleibend 1820 zusammen 2658	32 68
11 (B, C)	Herrenalb	**Brunnenwäldle** Fläche 1 (alt)	480	NNO 30 % Buntsandstein	II	60	2595	20	gehauen 1195 bleibend 2595 zusammen 3790	31 69

Nr. 8: $Z = \left(\frac{186,0}{56}\right) = 3,3$ Fm.; H = 11,5 m; D = 9,8 cm; m = 15 Fm.

Nr. 9: $Z = \left(\frac{214,3}{58}\right) = 3,7$ Fm.; H = 11,6 m; D = 10,6 cm; m = 19 Fm.

Nr. 10: $Z = \left(\frac{300,7}{58}\right) = 5,2$ Fm.; H = 16,9 m; D = 15,6 cm; m = 60 Fm.

Nr. 11: $Z = \left(\frac{241,4}{60}\right) = 6,0$ Fm.; H = 13,4 m; D = 13,1 cm; m = 32 Fm.

auf 1 ha							
insgesammt Kreisfläche □-m	= %	hiervon Krebsstämme: Stammzahl	= %	hiervon Krebsstämme: Kreisfläche	= %	in % des gesammten Tannenbestands: Stammzahl	in % des gesammten Tannenbestands: Kreisfläche
4,7	12	?		?		?	?
34,6	88	150		1,3		3,2	3,8
39,3		?		?		?	?

Der Mittelstämme Durchmesser cm	aller Tannen	der Krebstannen
gehauen	6,9	?
bleibend	9,7	10,6
zusammen	9,2	?

Bemerkungen

* Fichten

$K_{600} = 34 = 23\,\%$

$H_k = 5{,}7\,\%$

auf 1 ha							
4,2	10	?		?		?	?
36,3	90	146		1,8		3,5	5,0
40,5		?		?		?	?

Der Mittelstämme Durchmesser cm	aller Tannen	der Krebstannen
gehauen	8,1	?
bleibend	10,5	12,5
zusammen	10,1	?

Bemerkungen

* Fichten

$K_{600} = 35 = 24\,\%$

$H_k = 5{,}8\,\%$

auf 1 ha							
7,9	18	96	80	1,6	66	11,4	20,5
35,6	82	24	20	0,8	34	1,3	2,3
43,5		120		2,4		4,5	5,6

Der Mittelstämme Durchmesser cm	aller Tannen	der Krebstannen
gehauen	11,9	14,7
bleibend	15,7	21,0
zusammen	14,4	16,1

Bemerkungen

$K_{600} = 20 = 83\,\%$

$H_k = 3{,}3\,\%$

auf 1 ha							
5,6	14	60	67	0,7	49	5,0	12,3
34,6	86	30	33	0,7	51	1,2	2,5
40,2		90		1,4		2,5	3,5

Der Mittelstämme Durchmesser cm	aller Tannen	der Krebstannen
gehauen	7,7	12,1
bleibend	13,0	17,5
zusammen	11,6	14,2

Bemerkungen

$K_{600} = 25 = 83\,\%$

$H_k = 4{,}2\,\%$

No. Durch-forstungs-grad	Revier	Versuchs-Fläche, bezw. Ab-theilung	Meeres-höhe m	Lage und Steilheit, Grund-gestein	Stand-orts-klasse	Alter Jahre	Stammzahl auf 1 ha		Tannen		
							Tannen	andere Hölzer	Stammzahl		= %
12 (B, C)	Herrenalb	**Langjörgen-teich**	460	NNW 30% Bunt-sandstein	I	61	1318	16	gehauen bleibend zusammen	451 1318 1769	27 74
13 (B, C)	Herrenalb	**Brunnen-wäldle 2** (neu)	460	NNO 49% Bunt-sandstein	I	62	1508	24	gehauen bleibend zusammen	464 1508 1972	23 76
14 (B, C)	Neckar-hausen (Hohenz.)	**Maileshalde**	510	N 55% Muschel-kalk	II	62	1692	233*	gehauen bleibend zusammen	465 1692 2157	21 79
15 (C)	Neuenbürg (Stadtw.)	**Buchberg 3** C-Fläche	490	N 3% Bunt-sandstein	I	63	1102	27	gehauen bleibend zusammen	447 1102 1549	29 71

Nr. 12: $Z = \left(\frac{479{,}9}{61{,}5}\right) = 7{,}8$ Fm.
H = 20,5 m
D = 20,9 cm
m = 55 Fm.

Nr. 13: $Z = \left(\frac{376{,}9}{62}\right) = 6{,}1$ Fm.
H = 18,1 m
D = 18,2 cm
m = 44 Fm.

Nr. 14: $Z = \left(\frac{337{,}6}{62}\right) = 5{,}4$ Fm.
H = 14,7 m
D = 17,4 cm
m = 56 Fm.

Nr. 15: $Z = \left(\frac{463{,}6}{63}\right) = 7{,}4$ Fm.
H = 19,4 m
D = 23,0 cm
m = 100 Fm.

auf 1 ha							
insgesammt		hiervon Krebsstämme					
						in % des gesammten Tannenbestands	
Kreisfläche □-m	= %	Stammzahl	= %	Kreisfläche	= %	Stammzahl	Kreisfläche
6,1	12	60	52	1,2	30	13,4	20,4
45,3	88	56	48	2,8	70	4,3	6,3
51,4		116		4,0		6,6	8,0

Der Mittelstämme	aller Tannen	der Krebstannen
Durchmesser cm		
gehauen	13,1	16,2
bleibend	21,0	25,5
zusammen	19,2	21,2

Bemerkungen

$K_{600} = 36 = 64\,\%$
$H_k = 6{,}0\,\%$

Kreisfläche □-m	= %	Stammzahl	= %	Kreisfläche	= %	Stammzahl	Kreisfläche
4,5	10	20	50	0,3	25	4,3	6,4
39,3	90	20	50	0,9	75	1,3	2,2
43,8		40		1,2		2,0	2,6

Der Mittelstämme	aller Tannen	der Krebstannen
Durchmesser cm		
gehauen	11,1	13,5
bleibend	18,2	23,2
zusammen	16,8	19,0

Bemerkungen

$K_{600} = 16 = 80\,\%$
$H_k = 2{,}7\,\%$

Kreisfläche □-m	= %	Stammzahl	= %	Kreisfläche	= %	Stammzahl	Kreisfläche
5,9	12	21	100	0,4	100	4,6	7,4
42,3	88	—	—	—		—	—
48,2		21		0,4		1,0	0,9

Der Mittelstämme	aller Tannen	der Krebstannen
Durchmesser cm		
gehauen	12,8	16,2
bleibend	17,8	—
zusammen	16,8	16,2

Bemerkungen

* Fichten

$K_{600} = 0\,\%$
$H_k = 0\,\%$

Kreisfläche □-m	= %	Stammzahl	= %	Kreisfläche	= %	Stammzahl	Kreisfläche
9,6	17	74	76	2,5	58	16,7	25,3
46,5	83	24	24	1,7	42	2,1	3,7
56,1		98		4,2		6,3	7,4

Der Mittelstämme	aller Tannen	der Krebstannen
Durchmesser cm		
gehauen	16,6	20,4
bleibend	23,2	30,7
zusammen	21,5	23,3

Bemerkungen

$K_{600} = 16 = 67\,\%$
$H_k = 2{,}7\,\%$

No. Durchforstungsgrad	Revier	Versuchs-Fläche, bezw. Abtheilung	Meereshöhe m	Lage und Steilheit, Grundgestein	Standortsklasse	Alter Jahre	Stammzahl auf 1 ha		Tannen		
							Tannen	andere Hölzer		Stammzahl	%
6 (B)	Neuenbürg (Stadtw.)	Buchberg 1 B-Fläche	490	NNO 3 % Buntsandstein	I	64	2440	—	gehauen	1102	31
									bleibend	2440	69
									zusammen	3542	
17 (C)	Neuenbürg (Stadtw.)	Buchberg Fl. 2 C.	490	NNO 3 % Buntsandstein	I	64	1870	—	gehauen	1439	44
									bleibend	1870	56
									zusammen	3309	
18 (B, C)	Herrenalb	Kurzenmäuerle	480	NNO 30 % Buntsandstein	I	64	1259	8	gehauen	295	19
									bleibend	1259	81
									zusammen	1554	
19 (B, C)	Langenbrand	Hummelrain	592	NNO 7 % Buntsandstein	I	68	1700	5	gehauen	600	26
									bleibend	1700	74
									zusammen	2300	

No. 6:

$Z = \left(\frac{348{,}8}{64}\right) = 5{,}4$ Fm.
$H = 14{,}4$ m
$D = 15{,}2$ cm
$m = 73$ Fm.

No. 17:

$Z = \left(\frac{324{,}7}{64}\right) = 5{,}1$ Fm.
$H = 15{,}8$ m
$D = 16{,}2$ cm
$m = 111$ Fm.

No. 18:

$Z = \left(\frac{518{,}4}{64}\right) = 8{,}1$ Fm.
$H = 21{,}2$ m
$D = 21{,}6$ cm
$m = 37$ Fm.

No. 19:

$Z = \left(\frac{365{,}3}{68}\right) = 5{,}4$ Fm.
$H = 16{,}5$ m
$D = 17{,}8$ cm
$m = 62$ Fm.

auf 1 ha							
insgesammt		hiervon Krebsstämme					
						in % des gesammten Tannenbestands	
Kreisfläche □-m	= %	Stammzahl	= %	Kreisfläche	= %	Stammzahl	Kreisfläche
10,5	19	133	97	2,4	96	12	23,2
44,5	81	4	3	0,1	4	0,02	0,02
55,0		137		2,5		3,9	4,6

	Der Mittelstämme aller Tannen Durchmesser cm	der Krebstannen Durchmesser cm
gehauen	11,1	15,3
bleibend	15,3	17,8
zusammen	14,1	15,4

Bemerkungen

$K_{600} = 4 = 100\%$
$H_k = 0,7\%$

Kreisfläche □-m	= %	Stammzahl	= %	Kreisfläche	= %	Stammzahl	Kreisfläche
15,2	28	85	96	1,6	96	5,9	11,1
38,4	72	4	4	0,1	4	0,2	0,2
53,6		89		1,7		2,7	3,3

	Der Mittelstämme aller Tannen Durchmesser cm	der Krebstannen Durchmesser cm
gehauen	11,6	15,8
bleibend	16,1	14,0
zusammen	14,4	15,7

Bemerkungen

$K_{600} = 0 = 0\%$
$H_k = 0$

Kreisfläche □-m	= %	Stammzahl	= %	Kreisfläche	= %	Stammzahl	Kreisfläche
4,4	9	16	22	0,3	12	5,5	7,0
46,4	91	57	78	2,3	88	4,5	5,0
50,8		73		2,6		4,7	5,1

	Der Mittelstämme aller Tannen Durchmesser cm	der Krebstannen Durchmesser cm
gehauen	13,8	15,6
bleibend	21,6	22,8
zusammen	20,4	21,4

Bemerkungen

$K_{600} = 36 = 64\%$
$H_k = 6,0\%$

Kreisfläche □-m	= %	Stammzahl	= %	Kreisfläche	= %	Stammzahl	Kreisfläche
7,7	15	65	68	1,25	52	10,8	16,3
42,3	85	30	32	1,14	48	1,8	2,7
50,0		95		2,39		4,1	4,8

	Der Mittelstämme aller Tannen Durchmesser cm	der Krebstannen Durchmesser cm
gehauen	12,8	15,6
bleibend	17,8	22,0
zusammen	16,7	17,9

Bemerkungen

$K_{600} = 25 = 83\%$
$H_k = 4,2\%$

No. Durchforstungsgrad	Revier	Versuchs-Fläche, bezw. Abtheilung	Meereshöhe m	Lage und Steilheit, Grundgestein	Standortsklasse	Alter Jahre	Stammzahl auf 1 ha Tannen	Stammzahl auf 1 ha andere Hölzer		Tannen Stammzahl	= %
20 (B, C)	Herrenalb	**Unt. Haidenrückle**	520	NNW 33 % Buntsandstein	II	80	1180	32	gehauen	372	24
									bleibend	1180	76
									zusammen	1552	
21 (B, C)	Neckarhausen	**Herrenhau**	540	SSO 4 % Muschelkalk	I	80	1130	55*	gehauen	230	17
									bleibend	1130	83
									zusammen	1360	
22 (B, C)	Neckarhausen (Hohenz.)	**Seewald** Fläche 2 (beim See)	540	W 4 % Diluvium	I	80	1355	128*	gehauen	374	22
									bleibend	1355	78
									zusammen	1729	
23 (B, C)	Schwann	**Herrenacker**	540	NNW 12 % Buntsandstein	I	82	960	—	gehauen	260	21
									bleibend	960	79
									zusammen	1220	

Nr. 20:
$Z = \left(\frac{415,3}{80}\right) = 5,2$ Fm.
H = 19,4 m
D = 20,4 cm
m = 39 Fm.

Nr. 21:
$Z = \left(\frac{627,6}{80}\right) = 7,8$ Fm.
H = 22,0 m
D = 24,0 cm
m = 57 Fm.

Nr. 22:
$Z = \left(\frac{487,8}{80}\right) = 6,1$ Fm.
H = 20,0 m
D = 20,2 cm
m = 59 Fm.

Nr. 23:
$Z = \left(\frac{514,1}{82}\right) = 6,27$ Fm.
H = 19,5 m
D = 25,2 cm
m = 75 Fm.

auf 1 ha							
insgesammt		hiervon Krebsstämme					
Kreisfläche □-m	= %	Stammzahl	= %	Kreisfläche	= %	in % des gesammten Tannenbestands: Stammzahl	in % des gesammten Tannenbestands: Kreisfläche
4,8	11	28	23	0,4	11	7,5	9,1
38,6	89	92	77	3,6	89	7,8	9,3
43,4		120		4,0		7,7	9,3

Der Mittelstämme Durchmesser cm	aller Tannen	der Krebstannen
gehauen	13,1	14,1
bleibend	20,4	22,3
zusammen	18,9	20,7

Bemerkungen

$K_{600} = 72 = 78\,\%$
$H_k = 12{,}0\,\%$

5,6	10	20	31	0,6	22	8,7	10,5
52,3	90	45	69	2,1	78	4,0	4,0
57,9		65		2,7		4,8	4,6

Der Mittelstämme Durchmesser cm	aller Tannen	der Krebstannen
gehauen	17,5	19,2
bleibend	24,3	24,4
zusammen	23,3	22,9

Bemerkungen

* Fichten
$K_{600} = 20 = 44\,\%$
$H_k = 3{,}3\,\%$

5,3	11	25	42	0,6	27	6,6	11,2
43,5	89	34	58	1,6	73	2,5	3,6
48,8		59		2,2		3,4	4,4

Der Mittelstämme Durchmesser cm	aller Tannen	der Krebstannen
gehauen	13,4	17,5
bleibend	20,2	24,1
zusammen	19,0	21,6

Bemerkungen

* hiervon 123 Fichten
$K_{600} = 20 = 57\,\%$
$H_k = 3{,}3\,\%$

7,5	13	43	38	1,8	28	16,7	24,3
48,2	87	70	62	4,6	72	7,3	9,6
55,7		113		6,4		9,3	11,6

Der Mittelstämme Durchmesser cm	aller Tannen	der Krebstannen
gehauen	19,1	23,1
bleibend	25,0	29,0
zusammen	24,1	26,9

Bemerkungen

$K_{600} = 60 = 86\,\%$
$H_k = 10\,\%$

No. Durchforstungsgrad	Revier	Versuchs-Fläche, bezw. Abtheilung	Meereshöhe m	Lage und Steilheit, Grundgestein	Standortsklasse	Alter Jahre	Stammzahl auf 1 ha Tannen	Stammzahl auf 1 ha andere Hölzer		Tannen Stammzahl	= %
24 (B, C)	Neckarhausen	**Ob. Brandhalde**	520	S 20 % Haupt-muschelkalk	II	85	1105	85	gehauen	225	17
									bleibend	1105	83
									zusammen	1330	

$Z = \left(\frac{545,2}{85}\right) = 6,4$ Fm.
H = 21,0 m
D = 23,2 cm
m = 54 Fm.

No. Durchforstungsgrad	Revier	Versuchs-Fläche, bezw. Abtheilung	Meereshöhe m	Lage und Steilheit, Grundgestein	Standortsklasse	Alter Jahre	Stammzahl auf 1 ha Tannen	Stammzahl auf 1 ha andere Hölzer		Tannen Stammzahl	= %
25 (B, C)	Neuenbürg (Stadtw.)	**Happei**	364	NW 19 % Bunt-sandstein	I	87	532	16	gehauen	161	23
									bleibend	532	77
									zusammen	693	

$Z = \left(\frac{721,59}{87}\right) = 8,29$ Fm.
H = 27,1 m
D = 36,2 cm
m = 149 Fm.

No. Durchforstungsgrad	Revier	Versuchs-Fläche, bezw. Abtheilung	Meereshöhe m	Lage und Steilheit, Grundgestein	Standortsklasse	Alter Jahre	Stammzahl auf 1 ha Tannen	Stammzahl auf 1 ha andere Hölzer		Tannen Stammzahl	= %
26 (B, C)	Neckarhausen (Hohenz.)	**Seewald** Fläche 1	540	SW 3 % Diluvium	II	88	1017	126*	gehauen	228	18
									bleibend	1017	82
									zusammen	1245	

$Z = \left(\frac{562,4}{88}\right) = 6,4$ Fm.
H = 21,5 m
D = 23,9 cm
m = 55 Fm.

No. Durchforstungsgrad	Revier	Versuchs-Fläche, bezw. Abtheilung	Meereshöhe m	Lage und Steilheit, Grundgestein	Standortsklasse	Alter Jahre	Stammzahl auf 1 ha Tannen	Stammzahl auf 1 ha andere Hölzer		Tannen Stammzahl	= %
27 (B, C)	Schwann	**Dicker Busch**	620	NNW 12 % Bunt-sandstein	I	91	505	102*	gehauen	116	19
									bleibend	505	81
									zusammen	621	

$Z = \left(\frac{606,9}{91}\right) = 6,7$ Fm.
H = 25,2 m
D = 32,1 cm
m = 70 Fm.

auf 1 ha							
insgesammt		hiervon Krebsstämme					
Kreisfläche □-m	= %	Stammzahl	= %	Kreisfläche	= %	in % des gesammten Tannenbestands: Stammzahl	in % des gesammten Tannenbestands: Kreisfläche
5,2	10	—	—	—		—	—
47,0	90	10	100	0,5		1,00	1,1
52,2		10		0,5		0,7	1,0

	Der Mittelstämme aller Tannen	Der Mittelstämme der Krebstannen
	Durchmesser cm	Durchmesser cm
gehauen	17,2	—
bleibend	23,3	25,5
zusammen	22,4	25,5

Bemerkungen

$K_{600} = 10 = 100\%$
$H_k = 1,7\%$

Kreisfläche □-m	= %	Stammzahl	= %	Kreisfläche	= %	in % Stammzahl	in % Kreisfläche
11,3	17	28	37	2,1	25	17,5	19,1
56,0	83	48	63	6,3	75	9,1	11,2
67,3		76		8,4		11,1	12,5

	Der Mittelstämme aller Tannen	Der Mittelstämme der Krebstannen
	Durchmesser cm	Durchmesser cm
gehauen	29,8	31,1
bleibend	36,6	40,6
zusammen	35,2	37,4

Bemerkungen

$K_{548} = 48 = 100\%$
$H_k = 8,7\%$

Kreisfläche □-m	= %	Stammzahl	= %	Kreisfläche	= %	in % Stammzahl	in % Kreisfläche
5,2	10	8	13	0,5	16	3,6	9,1
46,4	90	51	87	2,4	84	5,0	5,2
51,6		59		2,9		4,7	5,6

	Der Mittelstämme aller Tannen	Der Mittelstämme der Krebstannen
	Durchmesser cm	Durchmesser cm
gehauen	17,1	27,7
bleibend	24,1	24,5
zusammen	23,0	24,9

Bemerkungen

* hiervon 122 Fichten
$K_{600} = 32 = 62\%$
$H_k = 5,3\%$

Kreisfläche □-m	= %	Stammzahl	= %	Kreisfläche	= %	in % Stammzahl	in % Kreisfläche
4,8	10	7	12	0,2	3	6,2	3,8
43,5	90	54	88	5,8	97	10,8	13,3
48,3		61		6,0		10,0	12,3

	Der Mittelstämme aller Tannen	Der Mittelstämme der Krebstannen
	Durchmesser cm	Durchmesser cm
gehauen	23,0	18,0
bleibend	33,1	36,6
zusammen	31,4	35,0

Bemerkungen

* hälftig Fichten und Buchen
$K_{600} = 54 = 100\%$
$H_k = 9,0\%$

No. Durchforstungsgrad	Revier	Versuchs-Fläche, bezw. Abtheilung	Meereshöhe m	Lage und Steilheit, Grundgestein	Standortsklasse	Alter Jahre	Stammzahl auf 1 ha: Tannen	Stammzahl auf 1 ha: andere Hölzer	Tannen	Stammzahl	= %
28 (B, C)	Herrenalb	**Eichwäldle**	610	W 40 % Buntsandstein	IV	94	1630	25	gehauen	419	20
									bleibend	1630	80
									zusammen	2049	
$Z = \left(\frac{243,3}{94}\right) = 2,6$ Fm. H = 12,8 m D = 16,2 cm m = 24 Fm.											
29 (B, C)	Schwann	**Hagwiesle, Fläche 1**	530	NNW 12 % Buntsandstein	II	94	685	—	gehauen	113	14
									bleibend	685	86
									zusammen	798	
$Z = \left(\frac{586,8}{94}\right) = 6,2$ Fm. H = 23,1 m D = 30,3 cm m = 46 Fm.											
30 (B, C)	Herrenalb	**Baumweg**	450	WNW 28 % Buntsandstein	II	95	692	—	gehauen	148	18
									bleibend	692	82
									zusammen	840	
$Z = \left(\frac{615,7}{95}\right) = 6,5$ Fm. H = 24,8 m D = 30,0 cm m = 55 Fm.											
31 (B, C)	Schwann (Gemeinde)	**Hirschsprung**	500	N 9,4 % Buntsandstein	II	96	864	—	gehauen	324	26
									bleibend	864	74
									zusammen	1188	
$Z = \left(\frac{633,2}{96}\right) = 6,6$ Fm. H = 23,5 m D = 27,5 cm m = 123 Fm.											

auf 1 ha							
insgesammt		hiervon Krebsstämme					
						in % des gesammten Tannenbestands	
Kreisfläche □-m	= %	Stammzahl	= %	Kreisfläche	= %	Stammzahl	Kreisfläche
4,0	11	44	50	0,5	35	10,6	12,5
31,7	89	44	50	0,9	65	2,7	2,9
35,7		88		1,4		4,3	4,0

	Der Mittelstämme aller Tannen	der Krebstannen
	Durchmesser cm	
gehauen	11,0	11,9
bleibend	15,7	16,4
zusammen	14,9	14,3

Bemerkungen

$K_{600} = 20 = 44\,\%$

$H_k = 3{,}3\,\%$

Kreisfläche □-m	= %	Stammzahl	= %	Kreisfläche	= %	Stammzahl	Kreisfläche
4,2	8	34	37	1,6	24	30,0	38,0
49,3	92	56	63	4,9	76	8,2	10,1
53,5		90		6,5		11,3	12,3

	Der Mittelstämme aller Tannen	der Krebstannen
	Durchmesser cm	
gehauen	21,8	24,3
bleibend	30,3	33,5
zusammen	29,2	30,4

Bemerkungen

$K_{600} = 51 = 90\,\%$

$H_k = 8{,}5\,\%$

Kreisfläche □-m	= %	Stammzahl	= %	Kreisfläche	= %	Stammzahl	Kreisfläche
4,9	9	28	23	1,0	11	18,9	21,6
49,1	91	92	77	8,3	89	13,3	16,9
54,0		120		9,3		14,3	17,3

	Der Mittelstämme aller Tannen	der Krebstannen
	Durchmesser cm	
gehauen	20,4	21,8
bleibend	30,0	33,8
zusammen	28,6	31,4

Bemerkungen

$K_{600} = 92 = 100\,\%$

$H_k = 15{,}3\,\%$

Kreisfläche □-m	= %	Stammzahl	= %	Kreisfläche	= %	Stammzahl	Kreisfläche
10,3	17	48	45	2,2	35	14,8	21,8
51,4	83	60	55	4,1	65	6,9	8,0
61,7		108		6,3		9,1	10,3

	Der Mittelstämme aller Tannen	der Krebstannen
	Durchmesser cm	
gehauen	20,1	23,3
bleibend	27,5	29,6
zusammen	25,7	27,4

Bemerkungen

$K_{600} = 56 = 93\,\%$

$H_k = 9{,}3\,\%$

No. Durchforstungsgrad	Revier	Versuchs-Fläche, bezw. Abtheilung	Meereshöhe m	Lage und Steilheit, Grundgestein	Standortsklasse	Alter Jahre	Stammzahl auf 1 ha Tannen	Stammzahl auf 1 ha andere Hölzer	Tannen Stammzahl		= %
32 (B, C)	Schwann	**Rothau**	700	NNO 2 % Buntsandstein	I	98	376	24	gehauen	88	19
									bleibend	376	81
									zusammen	464	
33 (B, C)	Schwann	**Hagwiesle,** Fläche 2	550	N 15 % Buntsandstein	II	101	540	12	gehauen	68	11
									bleibend	540	89
									zusammen	608	
34 (B, C)	Schwann	**Berghalde**	630	S 9 % Buntsandstein	I	104	340	—	gehauen	72	18
									bleibend	340	82
									zusammen	412	
35 (B, C)	Aalen	**Steine** Fläche 2	663	eben weisser Jura γ	II	104	571	31*	gehauen	80	12
									bleibend	571	88
									zsuammen	651	

No. 32:

$Z = \left(\frac{869,7}{98}\right) = 8,9$ Fm.
H = 30,0 m
D = 43,7 cm
m = 92 Fm.

No. 33:

$Z = \left(\frac{677,4}{101}\right) = 6,7$ Fm.
H = 25,4 m
D = 34,7 cm
m = 46 Fm.

No. 34:

$Z = \left(\frac{789,6}{104}\right) = 7,6$ Fm.
H = 31,7 m
D = 49,7 cm
m = 97 Fm.

No. 35:

$Z = \left(\frac{716,1}{104}\right) = 6,9$ Fm.
H = 25,9 m
D = 33,7 cm
m = 52 Fm.

auf 1 ha							
insgesammt Kreisfläche = % □-m		hiervon Krebsstämme					
		Stammzahl = %		Kreisfläche = %		in % des gesammten Tannenbestands	
						Stammzahl	Kreisfläche
7,0	11	20	23	1,9	15	22,7	27,0
58,8	89	68	77	10,3	85	18,1	17,6
65,8		88		12,1		19,0	18,5

Der Mittelstämme	aller Tannen	der Krebstannen
Durchmesser cm		
gehauen	31,8	34,6
bleibend	44,6	43,9
zusammen	42,5	42,0

Bemerkungen

$K_{400} = 68 = 100\,\%$
$H_k = 17{,}0\,\%$

3,7	7	16	15	0,9	8	23,6	24,2
51,8	93	88	85	9,7	92	16,3	18,8
55,5		104		10,6		17,1	19,1

Der Mittelstämme	aller Tannen	der Krebstannen
Durchmesser cm		
gehauen	26,2	26,5
bleibend	34,9	37,5
zusammen	34,1	36,1

Bemerkungen

$K_{552} = 88 = 100\,\%$
$H_k = 15{,}9\,\%$

7,1	10	16	21	1,7	11	21,2	24,2
66,0	90	60	79	14,5	89	17,7	21,9
73,1		76		16,2		18,9	22,2

Der Mittelstämme	aller Tannen	der Krebstannen
Durchmesser cm		
gehauen	35,6	37,1
bleibend	49,7	55,4
zusammen	47,5	52,1

Bemerkungen

$K_{340} = 60 = 100\,\%$
$H_k = 17{,}7\,\%$

3,9	7	12	14	0,7	11	15,0	17,9
51,2	93	76	86	6,0	89	13,3	11,7
55,1		88		6,7		13,5	13,1

Der Mittelstämme	aller Tannen	der Krebstannen
Durchmesser cm		
gehauen	25,0	27,4
bleibend	33,8	31,6
zusammen	32,8	31,1

Bemerkungen

* Fichten

$K_{600} = 76 = 100\,\%$
$H_k = 12{,}7\,\%$

No. Durchforstungsgrad	Revier	Versuchs-Fläche, bezw. Abtheilung	Meereshöhe m	Lage und Steilheit, Grundgestein	Standortsklasse	Alter Jahre	Stammzahl auf 1 ha Tannen	Stammzahl auf 1 ha andere Hölzer	Tannen Stammzahl		= %
36 (B, C)	Ellwangen	**Mittelbül** Fläche 1	470	W 10 % Goldshöfer Sande	I	104	500	68 Fichten	gehauen	116	19
									bleibend	500	81
									zusammen	616	
37 (B, C)	Aalen	**Weidenfelder Wald**	455	N 22 % brauner Jura α	III	106	599	60 (Fichten)	gehauen	108	15
									bleibend	599	85
									zusammen	707	
38 (B, C)	Ellwangen	**Mittelbül** Fläche **2**	470	eben Goldshöfer Sande	II	106	352	244 (Fichten)	gehauen	52	13
									bleibend	352	87
									zusammen	404	
39 (B, C)	Aalen	**Brentenbruck**	455	Mulde 3—15 % brauner Jura α	II	107	598	76 (Fichten)	gehauen	142	20
									bleibend	598	80
									zusammen	740	

Zu Nr. 36:

$Z = \left(\frac{727,9}{104}\right) = 7,0$ Fm.
H = 27,6 m
D = 34,0 cm
m = 106 Fm.

Zu Nr. 37:

$Z = \left(\frac{622,5}{106}\right) = 5,9$ Fm.
H = 26,0 m
D = 30,2 cm
m = 73 Fm.

Zu Nr. 38:

$Z = \left(\frac{658,0}{106}\right) = 6,2$ Fm.
H = 28,3 m
D = 32,2 cm
m = 115 Fm.

Zu Nr. 39:

$Z = \left(\frac{559,6}{107}\right) = 5,2$ Fm.
H = 22,3 m
D = 29,9 cm
m = 77 Fm.

auf 1 ha							
insgesammt		hiervon Krebsstämme					
						in % des gesammten Tannenbestands	
Kreisfläche □-m	= %	Stammzahl	= %	Kreisfläche	= %	Stammzahl	Kreisfläche
6,8	13	36	30	2,7	25	31,1	40,2
47,0	87	84	70	8,1	75	16,8	17,2
53,8		120		10,8		19,5	20,1

Der Mittelstämme

	aller Tannen	der Krebstannen
	Durchmesser cm	
gehauen	27,3	31,1
bleibend	34,6	35,1
zusammen	33,3	33,9

Bemerkungen

$K_{568} = 84 = 100\,\%$
$H_k = 14{,}0\,\%$

Kreisfläche □-m	= %	Stammzahl	= %	Kreisfläche	= %	Stammzahl	Kreisfläche
5,1	10	32	22	1,7	16	29,7	33,5
44,4	90	112	78	8,9	84	18,8	20,1
49,5		144		10,6		20,5	21,5

Der Mittelstämme

	aller Tannen	der Krebstannen
	Durchmesser cm	
gehauen	24,5	26,1
bleibend	30,8	31,8
zusammen	29,9	30,6

Bemerkungen

$K_{600} = 112 = 100\,\%$
$H_k = 18{,}7\,\%$

Kreisfläche □-m	= %	Stammzahl	= %	Kreisfläche	= %	Stammzahl	Kreisfläche
2,0	6	4	16	0,2	7	7,7	9,1
30,5	94	24	84	2,5	93	6,8	8,3
32,5		28		2,7		6,9	8,4

Der Mittelstämme

	aller Tannen	der Krebstannen
	Durchmesser cm	
gehauen	22,0	23,9
bleibend	33,2	36,6
zusammen	32,0	35,3

Bemerkungen

$K_{596} = 24 = 100\,\%$
$H_k = 4{,}2\,\%$

Kreisfläche □-m	= %	Stammzahl	= %	Kreisfläche	= %	Stammzahl	Kreisfläche
5,5	11	28	26	1,1	15	18,4	19,8
42,0	89	80	74	6,3	85	13,4	15,1
47,5		108		7,4		14,4	15,6

Der Mittelstämme

	aller Tannen	der Krebstannen
	Durchmesser cm	
gehauen	21,3	22,2
bleibend	29,9	31,7
zusammen	28,4	29,5

Bemerkungen

$K_{600} = 76 = 95\,\%$
$H_k = 12{,}7\,\%$

No. Durchforstungsgrad	Revier	Versuchs-Fläche, bezw. Abtheilung	Meereshöhe m	Lage und Steilheit, Grundgestein	Standortsklasse	Alter Jahre	Stammzahl auf 1 ha Tannen	Stammzahl auf 1 ha andere Hölzer	Tannen	Stammzahl	= %
40 (B, C)	Neckarhausen (Hohenz.)	**Eckwald**	540	NW 3 % Lettenkohle	III	112	525	5	gehauen	115	18
									bleibend	525	82
									zusammen	640	
		$Z = \left(\frac{688,9}{112}\right) = 6,2$ Fm. H = 25,6 m D = 36,1 cm m = 78 Fm.									
41 (B, C)	Aalen	**Steine** Fläche 1	663	SSO 17 % weisser Jura γ	III	113	605	*121	gehauen	34	5
									bleibend	605	95
									zusammen	639	
		$Z = \left(\frac{599,2}{113}\right) = 5,3$ Fm. H = 22,7 m D = 29,8 cm m = 22 Fm.									
42 (B, C)	Schwann	**Sausteig**	640	SSO 11 Buntsandstein	IV	123	868	—	gehauen	145	14
									bleibend	868	86
									zusammen	1013	
		$Z = \left(\frac{437,6}{123}\right) = 3,6$ Fm. H = 18,9 m D = 24,7 cm m = 36 Fm.									

auf 1 ha							
insgesammt		hiervon Krebsstämme					
Kreisfläche □-m	= %	Stammzahl	= %	Kreisfläche	= %	in % des gesammten Tannenbestands: Stammzahl	in % des gesammten Tannenbestands: Kreisfläche
6,2	10	10	22	0,5	12	8,7	8,6
53,6	90	35	78	3,9	88	6,7	7,2
59,8		45		4,4		7,0	7,4

Der Mittelstämme Durchmesser cm	aller Tannen	der Krebstannen
gehauen	26,1	26,0
bleibend	36,2	37,4
zusammen	34,5	35,3

Bemerkungen

$K_{530} = 35 = 100\,\%$
$H_k = 6,6\,\%$

Kreisfläche □-m	= %	Stammzahl	= %	Kreisfläche	= %	Stammzahl %	Kreisfläche %
1,4	3	6	9	0,2	5	18,2	17,9
43,3	97	65	91	4,7	95	10,8	10,4
44,7		71		4,9		11,2	11,1

Der Mittelstämme Durchmesser cm	aller Tannen	der Krebstannen
gehauen	22,7	22,6
bleibend	30,2	30,3
zusammen	29,8	29,7

Bemerkungen

* 115 Fichten
$K_{600} = 59 = 91\,\%$
$H_k = 9,8\,\%$

Kreisfläche □-m	= %	Stammzahl	= %	Kreisfläche	= %	Stammzahl %	Kreisfläche %
3,9	9	8	18	0,3	13	5,7	7,7
41,7	91	37	82	2,0	87	4,3	4,7
45,6		45		2,3		4,5	5,0

Der Mittelstämme Durchmesser cm	aller Tannen	der Krebstannen
gehauen	18,7	21,7
bleibend	24,7	26,0
zusammen	23,9	25,2

Bemerkungen

$K_{600} = 29 = 78\,\%$
$H_k = 4,8\,\%$

§. 35. Eine wichtige Frage war es, wie die augenscheinlich recht zahlreichen Krebsstämme bei der Durchforstung der Versuchsflächen zu behandeln seien; so viel war jedenfalls klar, dass es nicht zulässig sei, rücksichtslos dieselben herauszuhauen, oder auch nur in dem Maasse, als es ausserhalb der Versuchsflächen gegendüblich ist[1]). Andererseits war es aber im Hinblick auf die vielen Nachtheile der Krebskrankheit (Windbruch, Dürrwerden u. s. w.) offenbar nicht empfehlenswerth, die Krebsstämme auf gleicher Linie mit den gesunden, nur nach Maassgabe ihrer Schaft- und Kronenentwicklung zu behandeln. Der goldene Mittelweg durfte wohl darin gefunden werden, dass Krebsstämme, namentlich solche mit vorgeschrittener Erkrankung, dann, auch wenn sie herrschende und vorherrschende waren, durch die Axt fielen, wenn ein geeigneter Ersatz für dieselben durch Schonung des umgebenden Nebenbestandes zu finden war oder mit Sicherheit angenommen werden konnte, dass die entstandene Lücke spätestens in 3—5 Jahren, also schon vor der nächsten Aufnahme der Versuchsfläche wieder geschlossen sein werde. Dieses Vorgehen erschien bei dem grossen Schattenerträgniss der Tanne um so mehr gerechtfertigt, als die unter dem Druck solcher Krebsstämme gestandenen gesunden Tannen sich rasch zu erholen pflegen und die entstandenen Lücken bald ausfüllen. Jedenfalls ist in einem solchen Fall der Zuwachsverlust geringer, als wenn der Krebsstamm noch einige Jahrzehnte stehen bleibt, dann vom Sturm gebrochen wird, und die unter ihm gestandenen Tannen schliesslich eingegangen sind.

Auf diese Weise entstand die Vertheilung der Krebsstämme auf den Nebenbestand und Hauptbestand, wobei das geschilderte Vorgehen die Wirkung erzielen mochte, dass der Bestand an

---

[1]) Robert Hartig sagt in seinen „Baumkrankheiten etc." (2. Aufl. S. 168) bei Besprechung von Polyporus fulvus: „Die Erfahrung, dass Weisstannen mit Krebsbeulen früher oder später bei Schneedruck oder Sturm an der Krebsstelle brechen, hat in vielen Revieren, z. B. im württembergischen Schwarzwald, dahin geführt, bei jeder Durchforstung alle Krebsstämme, auch wenn dies herrschende Bäume sind, zu fällen. Dadurch wird der Verbreitung des Polyporus fulvus am sichersten entgegengetreten." Diese Mittheilung ist nicht ganz zutreffend. Wenn man auch neuerdings rücksichtsloser gegen die Krebstannen zu Felde zieht, so ist, namentlich bei den in Württemberg herrschenden Ansichten über die Bewirthschaftung der Tanne, ein so weitgehender Aushieb des Krebsholzes weder irgendwo anzutreffen noch überhaupt möglich.

Krebsstämmen etwa um einen halben Grad stärker durchforstet wurde, als der Gesammtbestand an gesunden und krebsigen Tannen.

Die Stammzahlen auf 1 ha betrugen durchschnittlich

für die Altersstufe von **40—59 Jahren** (6 Flächen)[1]:

Gesammtbestand insgesammt	hiervon Krebsstämme	Nebenbestand		bleibender Hauptbestand	
a	b	a	b	a	b
3409	106 =3,1%	1250	86 =6,9%	2159	20 =0,9%

für die Altersstufe von **60—79 Jahren** (9 Flächen):

a	b	a	b	a	b
2438	84 =3,5%	718	59 =8,3%	1720	25 =1,45%

für die Altersstufe von **80—99 Jahren** (13 Flächen):

a	b	a	b	a	b
1161	81 =7,0%	236	25 =10,9%	925	56 =6,0%

für die Altersstufe von **100—124 Jahren** (10 Flächen):

a	b	a	b	a	b
643	83 =12,9%	93	17 =18,1%	550	66 12,0%

Durchschnitt im Ganzen:

a	b	a	b	a	b
1682	86 =5,1%	473	41 =8,6%	1209	45 =3,8%

Um die Häufigkeit der Krebserkrankung durch Zeichnung darzustellen, würden die Durchschnitte der 4 obigen Altersstufen nicht genügen. Andererseits sind die Schwankungen dieser Häufigkeit oft so bedeutend, dass es erforderlich ist, je mehrere, etwa 4—5 dem Alter nach auf einander folgende Flächen zusammenzufassen, um Mittelwerthe zu bekommen, die sich für diese Art

[1]) Da die 4 Lindenwaldflächen an sich sehr schwach und nach anderen, als den von mir bei den übrigen 38 Flächen eingehaltenen Grundsätzen bezüglich der Behandlung der Krebsstämme durchforstet wurden, ausserdem nicht mehr erhoben werden konnte, wie viele derselben gehauen worden sind, so bleiben die Angaben dieser Flächen hier besser weg, um so mehr, als dieselben vollständig aus dem Rahmen der übrigen herausfallen.

der Darstellung eignen, wie sie in Tafel 2 gegeben ist. Aus dieser, wie aus der obigen Zusammenstellung lässt sich entnehmen, dass die Zahl der Krebsstämme mit steigendem Alter beim Nebenbestand (N) stetig ab-, beim bleibenden Hauptbestand (H) stetig zunimmt. Einen anscheinend auffallenden Verlauf nimmt die Häufigkeit der Krebsstämme im undurchforsteten Gesammtbestand (G), indem dieselbe etwa bis zum 80. Lebensjahr abnimmt und dann wieder steigt. Da die Ordinaten dieser Kurve $G = N + H$ sind, so lässt sich der Verlauf derselben genau feststellen. Umgekehrt, würde angenommen, dass die Linie für G eine stetig abnehmende Kurve, statt, wie in Wirklichkeit, eine Hyperbel, und ausserdem entweder der Verlauf von H oder von G gegeben wäre, so liesse sich, wie in Tafel 2 durch die schwach ausgezogenen Linien angedeutet, durch blosse Auftragung der Ordinatenunterschiede der Verlauf der gesuchten dritten Kurve genau bestimmen. Es würde dann je eine stark ausgezogene und die entgegengesetzt zu ihr verlaufende schwach ausgezogene Kurve einander entsprechen.

Neben der wirklichen Zahl der Krebsstämme auf 1 ha lässt sich nun aber auch deren Verhältniss zur Gesammtzahl der Stämme des Bestandes darstellen und zwar einmal nach Alter und Hunderteln der Stammzahl, sodann nach der Stammzahl auf 1 ha und Hunderteln dieser Stammzahl, wiederum getrennt nach Gesammtbestand, Nebenbestand und bleibendem Hauptbestand. In beiden Fällen — siehe Tafel 3 und 4 — verläuft die Kurve für H durchweg unterhalb derjenigen für G. Die Kurve für N jedoch liegt bei Tafel 3 vollständig über H und G, in Tafel 4 bei einer Stammzahl von mehr als 800—1100 Stück über, hierauf unter den beiden andern Kurven.

Die Kreisflächensummen der Krebsstämme und ihre Vertheilung auf den Bestand ergeben sich aus folgender Zusammenstellung als Durchschnitte für 20 Jahre umfassende Altersstufen.

Altersstufe von **40—59 Jahren** (6 Flächen):

Gesammtbestand Tannen insgesammt	Gesammtbestand hiervon Krebsstämme.	Nebenbestand		bleibender Hauptbestand	
qm		qm		qm	
a	b	a	b	a	b
44,1	1,95	7,8	1,3	36,3	0,6
	=4,4%		=16,9%		=1,7%

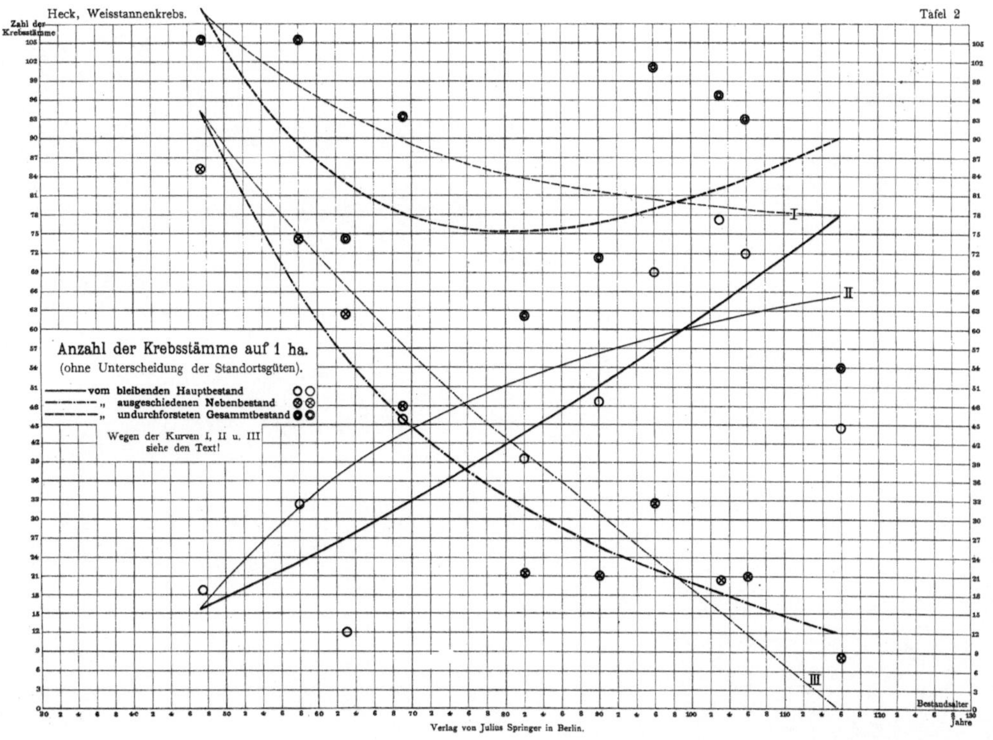

Heck, Weisstannenkrebs.
Tafel 2
Zahl der Krebsstämme
Anzahl der Krebsstämme auf 1 ha.
(ohne Unterscheidung der Standortsgüten).
vom bleibenden Hauptbestand
„ ausgeschiedenen Nebenbestand
„ undurchforsteten Gesammtbestand
Wegen der Kurven I, II u. III siehe den Text!
I
II
III
Bestandsalter
Jahre
Verlag von Julius Springer in Berlin.

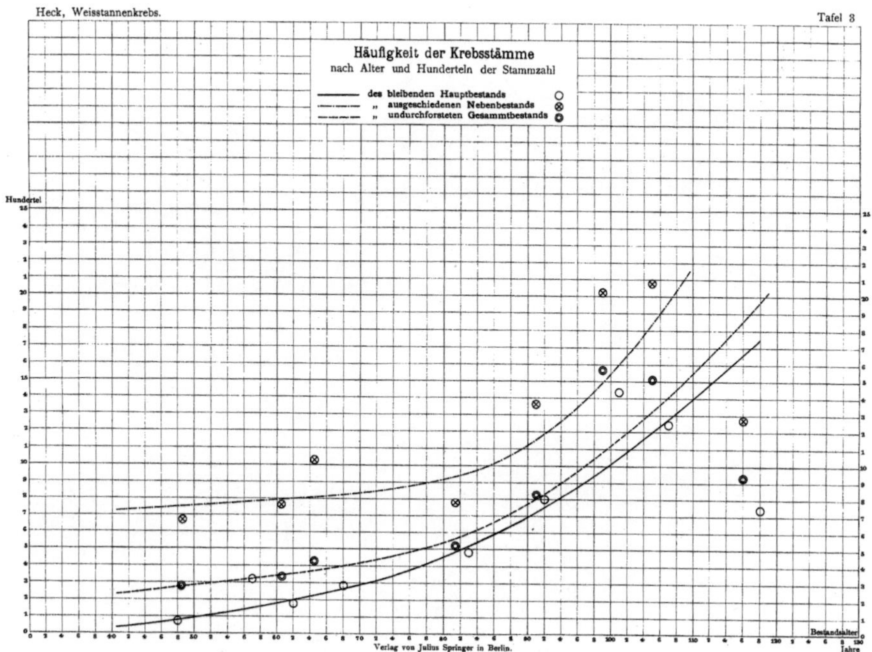

Verlag von Julius Springer in Berlin.

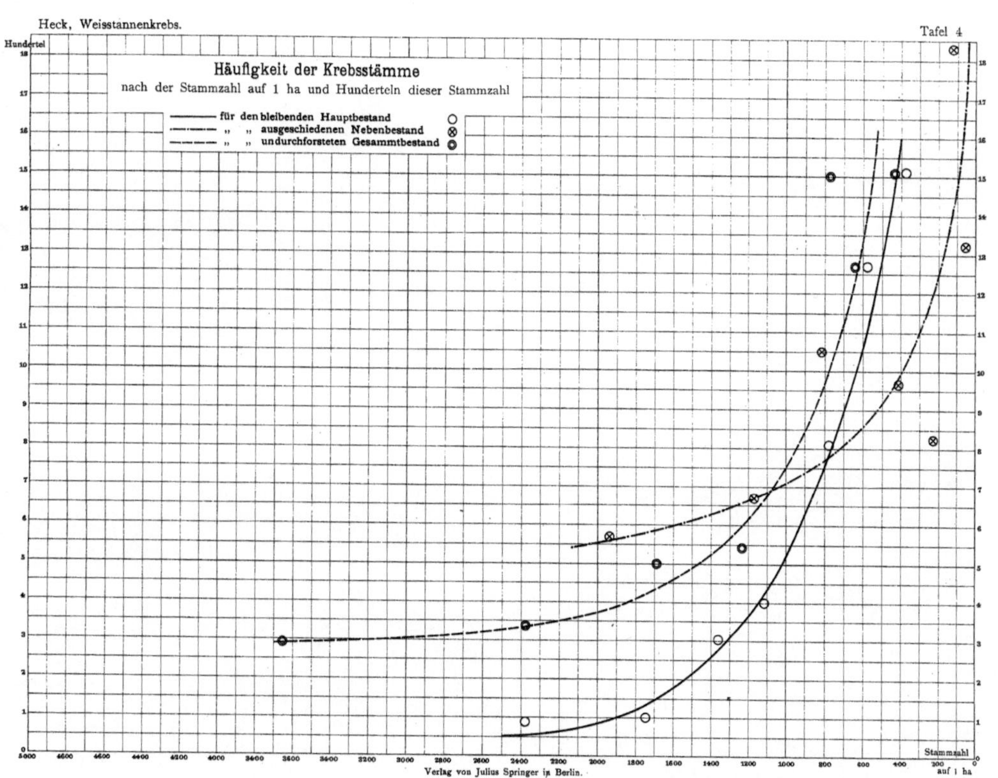

Verlag von Julius Springer in Berlin.

Altersstufe von **60—79 Jahren** (9. Flächen):

Gesammtbestand Tannen insgesammt	hiervon Krebsstämme	Nebenbestand		bleibender Hauptbestand	
qm		qm		qm	
a	b	a	b	a	b
49,9	2,3	7,7	1,2	42,2	1,1
	= 4,5 %		= 15,3 %		= 2,6 %
Altersstufe von **80—99 Jahren** (13 Flächen):					
a	b	a	b	a	b
53,5	5,3	6,2	1,0	47,4	4,3
	= 9,9 %		= 16,7 %		= 9,0 %
Altersstufe von **100—124 Jahren** (10 Flächen):					
a	b	a	b	a	b
51,7	7,7	4,6	1,0	47,1	6,7
	= 14,8 %		= 21,9 %		= 14,1 %
Durchschnitt im Ganzen:					
a	b	a	b	a	b
50,7	4,7	6,4	1,1	44,3	3,6
	= 9,2 %		= 17,3 %		= 8,1 %

Von den haubaren Tannen mit einem Alter von 100 und mehr Jahren sind also nach der Stammzahl 12 % und nach der Kreisflächensumme, welcher nach bekannten Grundsätzen die Masse entspricht, 14 % mit Stammkrebs behaftet. Aber auch der Gesammtdurchschnitt aller 38 Versuchsflächen, wonach 4—5 % der Stammzahl und 8—9 % der Kreisflächensumme (bzw. Masse) aus Krebsstämmen besteht, giebt zu denken. Entspricht derselbe doch einer Aufnahme von rund 16 000 Stämmen aus den verschiedensten Landestheilen und nicht etwa nur einigen vereinzelten Beobachtungen in Waldtheilen mit starker Krebsverbreitung. In keinem Fall darf angenommen werden, dass die hier mitgetheilten Angaben zu hoch seien; mancher Forstwirth wird eher behaupten, dieselben seien zu niedrig. Da die Versuchsflächen schon bei der ersten Aufnahme sorgfältig behandelt wurden und an Krebsstämmen wahrscheinlich damals schon gehauen worden ist, was einigermassen abkömmlich schien, so war die von mir angetroffene Zahl wohl eine mässige. Es soll auch keineswegs geleugnet werden, dass in manchen Tannenwaldungen, namentlich den so zahlreichen Althölzern des Schwarzwaldes von über 120 Jahren, die Zahl der

Krebsstämme noch erheblich grösser ist, als 12—14% nach Stammzahl und Kreisflächensumme. Die älteste der Versuchsflächen hat übrigens auch nur einen 123jährigen Bestand. Im Ganzen ist jedenfalls anzunehmen, dass die von mir mitgetheilten Zahlen über die Verbreitung der Stammkrebse sich eher der unteren als der oberen Grenze zuneigen.

Die Häufigkeit der Krebsstämme nach Alter und Hunderteln der Kreisflächensummen von G, H und N auf 1 ha ist in Tafel 5 durch Zeichnung dargestellt, und zwar sind die Ordinaten dieser Kurven ebenfalls als Durchschnitte aus je 4 dem Alter nach aufeinanderfolgende Versuchsflächen berechnet.

§. 36. Dass ich etwas stärker auf die Krebsstämme losgehauen habe, als dies auf den Versuchsflächen früher stattfand, geht aus den Lindenwaldflächen hervor, die ich frisch durchforstet schon antraf und wo ich nur den bleibenden Hauptbestand aufzunehmen hatte. Hier standen noch 140—166 Krebsstämme auf dem ha, eine Zahl, die bei meinen Aufnahmen nie annähernd erreicht wurde, vollends nicht bei dem jugendlichen Alter dieser Versuchsbestände. Nur in einem einzigen Fall, und zwar bei dem 106jährigen Weidenfelder Wald, betrug die Zahl der Krebsstämme über 100, nämlich 112 und hatte vor der Durchforstung 144 auf dem ha betragen.

Wie mein Vorgänger und Freund, Professor Dr. Speidel in Tübingen, mir nach Aufnahme der Tannenbestände im Herbst 1890 mittheilte, hatte er bei seinen Tannenaufnahmen ebenfalls einige Aufzeichnungen über den Krebs gemacht. Dieselben erstreckten sich jedoch nur auf die drei Versuchsbestände im Bronnhaupter Hardt bei Balingen und auf den bleibenden Hauptbestand (nach einer Durchforstung im B-Grad). Dieselben liegen auf einer vereinzelten Zunge von braunem Jura α, umgeben von Lias ε.

Die wesentlichen Angaben über diese drei Flächen sind folgende:

Alter	mittl. Durchmesser cm	mittl. Bestandshöhe m	Derbholzdurchschnittszuwachs Fm.	Stammzahl des bleibenden Hauptbestandes	hiervon Krebsstämme	= %
81	20	18	6,3	1544	114	6,7
95	23	20	6,0	1352	164	12,1
99	28	22	6,9	972	60	6,2

Die Krebshäufigkeit des letzten (99jährigen) dieser drei Versuchsbestände entspricht nach dessen Alter der von mir als Durch-

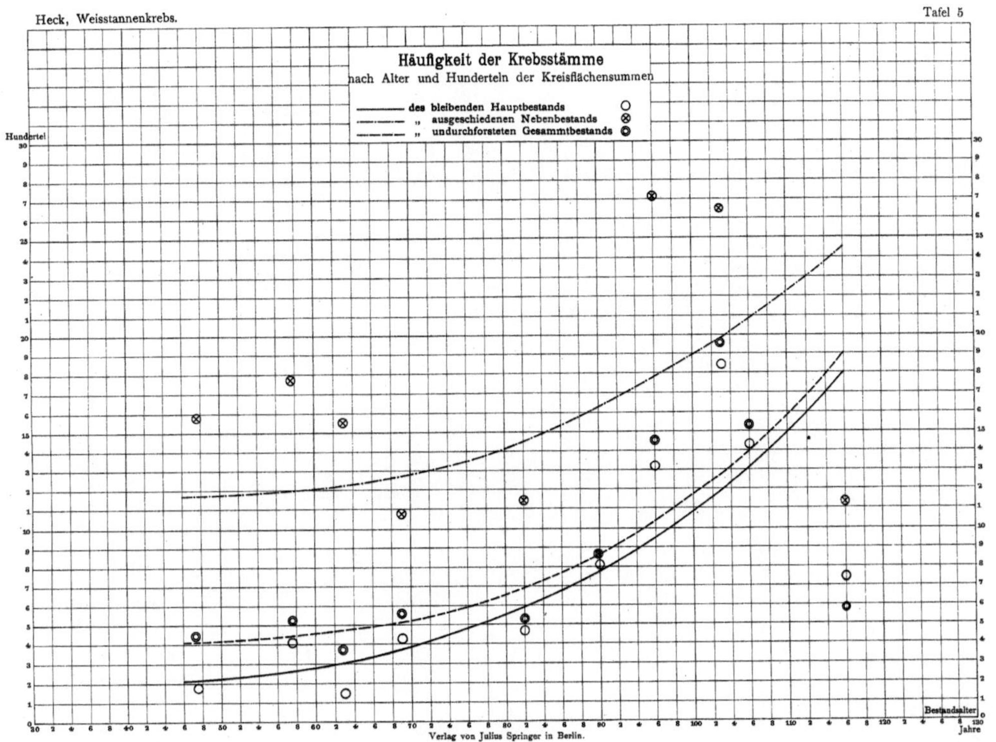

Verlag von Julius Springer in Berlin.

schnitt gefundenen; die der beiden andern Bestände übersteigt dieselbe dagegen um das Doppelte bis Dreifache.

Aber auch abgesehen von diesem Vergleich mit der Behandlung der Krebsstämme bei früheren Aufnahmen von Versuchsflächen liegt es nahe, einen Maassstab aufzusuchen, nach dem beurtheilt werden kann, in welchem Grade der Vorrath an Krebsstämmen stärker durchforstet wurde, als der Gesammtbestand an gesunden und Krebstannen zusammengenommen. Eine Gegenüberstellung der Krebstannen einerseits und aller gesunden, d. h. nicht mit Schaftkrebs behafteten, Tannen andererseits (statt des Gesammtbestandes aus gesunden und krebsigen Stämmen zusammen) wäre wohl auch wissenswerth gewesen, lag jedoch ferner, da es schliesslich immer wieder der Gesammtbestand, einschliesslich der nicht abkömmlichen Krebsstämme ist, auf den Theorie und Praxis sich beziehen müssen. Sodann kommt in Betracht, dass, wo irgend möglich, an Stelle der ausgehauenen Krebstannen schwächere, z. Th. unterdrückte, Ersatzstämme stehen gelassen wurden, die andernfalls dem Hieb verfallen gewesen wären; das konnte bei dem grossen Schattenerträgniss der Tanne in viel grösserem Umfang und mit mehr Aussicht auf Erfolg so gehalten werden, als bei irgend welcher anderen Holzart möglich wäre. Denn es liess sich annehmen, dass diese in ihrer Kronenentwicklung oft stark beeinträchtigten Ersatztannen in Folge der Freistellung durch den Aushieb benachbarter herrschender Krebsstämme sich allmälig erholen und durch „Umsetzen", wie dies auf den Stockabschnitten der Tanne so häufig beobachtet werden kann, an deren Stelle in den herrschenden oder wenigstens mitherrschenden Bestandstheil nachrücken.

So wurden denn durch die Durchforstung in Hunderteln des undurchforsteten Gesammtbestands von gesunden und krebsigen Stämmen zusammen einerseits, von Krebstannen allein andererseits entnommen im Durchschnitt auf 1 ha:

Tannen im Ganzen		Krebsstämme allein		Tannen im Ganzen		Krebsstämme allein	
Stück	%	Stück	%	qm	%	qm	%
Altersstufe von **40—59 Jahren** (6 Flächen)							
1250	36,7	86	81,1	7,8	17,7	1,3	67,5
Altersstufe von **60—79 Jahren** (9 Flächen)							
718	29,5	59	70,4	7,7	15,5	1,2	52,2

Tannen im Ganzen		Krebsstämme allein		Tannen im Ganzen		Krebsstämme allein	
Stück	%	Stück	%	qm	%	qm	%
Altersstufe von **80—99 Jahren** (13 Flächen)							
235	20,3	26	31,5	6,2	11,5	1,03	19,5
Altersstufe von **100—123 Jahren** (10 Flächen)							
93	14,5	17	20,3	4,6	9,8	1,00	13,0
Durchschnitt im Ganzen:							
472	28,1	41	47,3	6,4	12,9	1,1	23,7.

Es erscheint entbehrlich, diese kleine Uebersicht mit Worten weiter zu erläutern. Jedenfalls aber ist daraus ersichtlich, dass die Krebsstämme 2—3 mal so stark und zum Theil noch stärker durchforstet wurden, als der Gesammtbestand im ganzen Durchschnitt und umsomehr als der Bestand an gesunden Stämmen allein. Dass dieses Verhältniss mit Zunahme des Bestandsalters — in Folge der geschilderten Art und Weise der Entnahme von Krebsstämmen — sich ganz wesentlich ändert, wird im letzten Abschnitt dieser Schrift noch Gegenstand näherer Betrachtung sein. Am übersichtlichsten zeigt sich der Unterschied wieder durch gezeichnete Darstellung, wie Tafel 6 solche giebt. Die Ordinaten wurden hier wiederum durch Zusammenfassen von je 4 (bei den 6 ältesten von je 3) Versuchsflächen zu einem Gesammtdurchschnitt erhalten.

§. 37. Die genannten Durchforstungen gestalten sich allerdings zum Theil erheblich anders, als die von der badischen forstlichen Versuchsanstalt unter Leitung von Herrn Oberforstrath Schuberg ausgeführten. Dieser giebt für den ersten (schwachen) Durchforstungsgrad eine Minderung der Grundflächensumme um 0,4—5 %, für den zweiten (mittleren) Grad eine solche von 5,1—10 %, für den dritten (starken) Grad 10,1—15 % und für den vierten Grad (sehr stark) 15—21 % an. Bei den hier verarbeiteten Tannenversuchsflächen dagegen entnahm die Durchforstung im B-Grad (allerdings nur 1 Fläche) 19 %, in dem zwischen B und C stehenden Grad (39 Flächen) durchschnittlich 12 % (die 4 Lindenwaldflächen allein 13,5 %)[1]), im C-Grad 2 Flächen mit 17 und 28, durchschnittlich 22,5 %. Von den eben genannten 39 Flächen, welche in dem zwischen B und C befindlichen Grad durchforstet wurden, war die Kreisflächensummenminderung

[1]) Vielleicht besser als B-Flächen zu bezeichnen und deshalb auch in Tabelle 4, Seite 80—82, so aufgeführt.

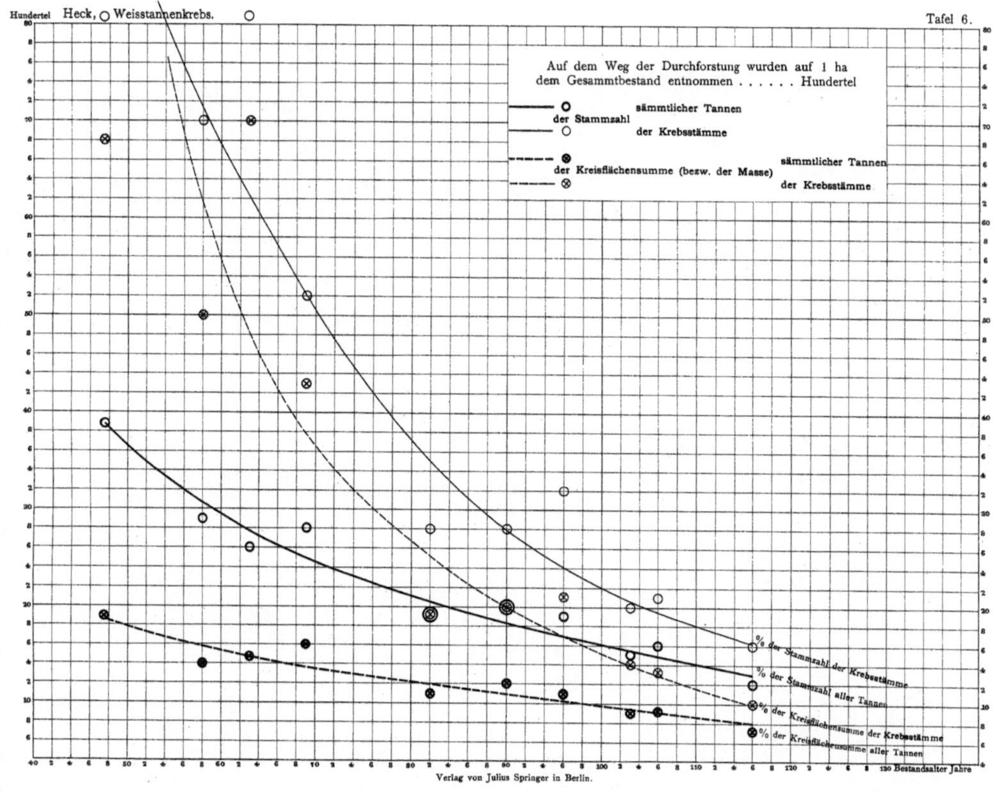

Hundertel
Heck, Weisstannenkrebs.
Tafel 6.
Auf dem Weg der Durchforstung wurden auf 1 ha dem Gesammtbestand entnommen . . . . . . Hundertel
der Stammzahl sämmtlicher Tannen
der Krebsstämme
der Kreisflächensumme (bezw. der Masse) sämmtlicher Tannen
der Krebsstämme
% der Stammzahl der Krebsstämme
% der Stammzahl aller Tannen
% der Kreisflächensumme der Krebsstämme
% der Kreisflächensumme aller Tannen
Bestandsalter Jahre
Verlag von Julius Springer in Berlin.

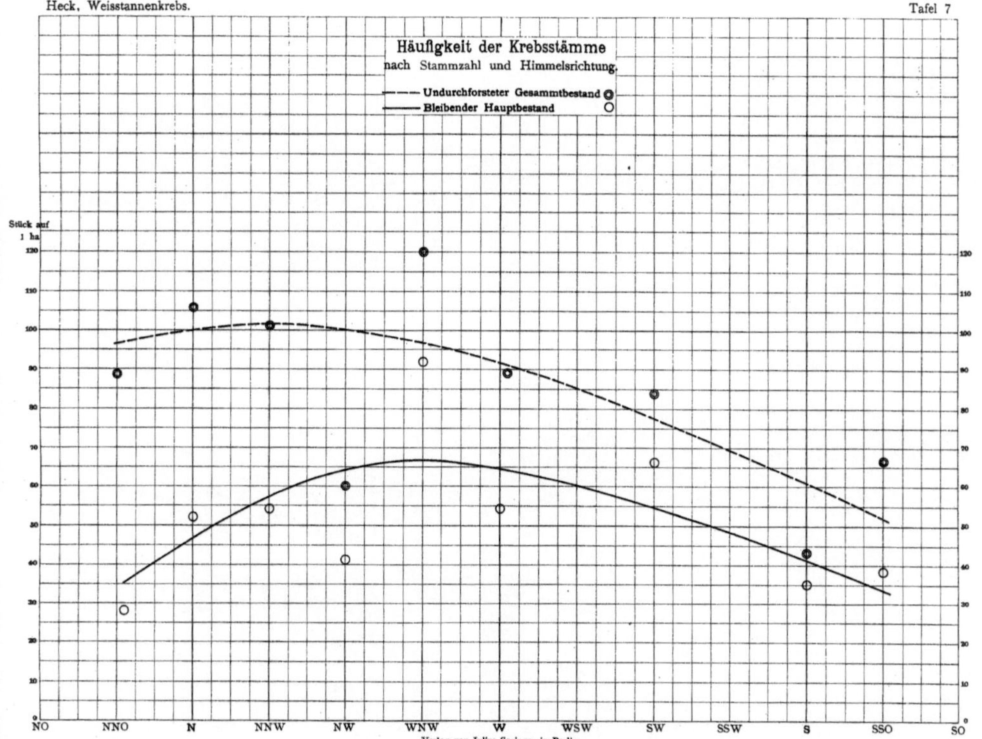

Verlag von Julius Springer in Berlin.

%	3	6	7	8	9	10	11	12	13	14	15	16	17	18	25	%
bei Flächen	1	1	2	1	3	9	5	3	3	2	1	1	1	3	1	Versuchsflächen.

Es seien hier übrigens auch einige andere Versuchsergebnisse auf Durchforstungsvergleichsflächen, die ich 1890/92 behandelte, mitgetheilt, um sie mit obigen Zahlen zusammenzuhalten:

Holzart	Revier	Abtheilung	Fläche	Durchforstungsgrad	Alter	Kreisflächenminderung durch die Durchforstung %
a	b	c	d	e	f	g
Fichte	Weingarten	Postwies	3	A	46	4,0
"	"	"	2	B	46	8,0
"	"	"	1	C	46	9,2
"	"	"	4	D	46	9,0
Buche	Schussenried	Oberwald	1	B	65	11,9
"	"	"	2	C	69	7,4
Buche	Mochenthal	Petershau	1	A	53	1,2
"	"	"	2	B	53	23,5
"	"	"	3	C	54	24,7
Buche	Pflummern	Frauenholz	1	A	66	1,0
"	"	"	2	B	63	8,7
"	"	"	3	C	67	4,1
Buche	Pfronstetten	Kolwald	1	B	81	10,8
"	"	"	2	C	78	10,8
Buche	Urach	Langer Wald (beim Wasserfall)	2	A	55	7,0
"	"	"	1	B		21,4
"	"	"	3	C		24,0
Buche	Königsbronn	Saatschule	1	A	65	5,1
"	"	"	2	B	64	20,2
"	"	Birnbäumle (unmittelbar neben „Saatschule“ 1 u. 2)	1	C	66	23,2

Es geht aus diesen Verhältnisszahlen (in Spalte g) wohl hervor, dass eine Abstufung des Durchforstungsgrades nach Hunderteln der Kreisflächenminderung nicht sehr empfehlenswerth erscheint. Bei den Durchforstungsvergleichsflächen ist selbstverständlich der auf die Kronenverhältnisse der Bestände aufgebaute Arbeitsplan für Durchforstungsversuche besonders scharf eingehalten worden, und doch ergeben sich so grosse Unterschiede, die jedenfalls von der Bestandesbegründung, dem Standort und der bisherigen Behandlung ganz wesentlich beeinflusst sind.

§. 38. Nach diesen Ausführungen darf nun wohl die Frage aufgeworfen werden, ob die Verbreitung der Krebskrankheit im Hinblick auf die Standortsverhältnisse, also Klima, Lage und Boden irgend welchen Regeln folgt. Zur Untersuchung eignen sich hier wiederum am besten die Versuchsflächen, und es wird hierbei wohl zweckmässig zwischen dem undurchforsteten Gesammtbestand und dem bleibenden Hauptbestand unterschieden.

Was zunächst das Klima anlangt, so ist von den beiden wichtigsten Bestandtheilen desselben, Wärme und Niederschlagsmenge, bezüglich der 38 Versuchsflächen nichts Näheres bekannt. Dagegen kann hinsichtlich der mittleren Luftwärme ein Unterschied von wenigen Graden angenommen werden. Es steht fest, dass sowohl die Wärme, als der Niederschlag mit zunehmender Meereshöhe sich ändert: die erstere nimmt ab und zwar für je 145 m Erhebung um 1° Celsius[1]); der letztere nimmt im Allgemeinen zu, ohne dass es indess möglich wäre, hiefür in Württemberg bis jetzt eine ganz bestimmte Regel aufzustellen[2]).

In Tabelle 5 ist die Zahl der Krebsstämme auf den einzelnen nach Meereshöhen von 200 : 200 m und innerhalb derselben nach dem Alter geordneten Versuchsflächen angegeben. Von unter 400 und über 700 m gelegenen Flächen ist je nur eine vorhanden, die deshalb kaum zum Vergleich zugelassen werden dürfen. Bei den drei übrig bleibenden Höhengruppen kann zwar festgestellt werden, dass der undurchforstete Gesammtbestand der zwischen 400 und 500 m, also am niedrigsten, gelegenen Flächen ziemlich mehr Krebsstämme enthielt, als jede der beiden höheren, einander hierin fast gleichen Gruppen. Beim bleibenden Hauptbestand, also nach Ausführung der Durchforstung, jedoch stellt sich die Häufigkeit der Krebsstämme bei allen 3 Höhengruppen fast ganz gleich. Dieselben waren also in der niedersten Gruppe am stärksten auf's Haupt geschlagen worden.

---

[1]) Vergl. meine Schrift über die Hagelverhältnisse Württembergs u. s. w., S. 71 u. 81.

[2]) Daselbst S. 90.

Tabelle 5.

Zahl der Krebsstämme auf 1 ha nach Meereshöhe.

300—400 m			400—500 m			500—600 m			600—700 m			700—800 m		
Versuchsfläche	bleibender Hauptbestand	im Ganzen	Versuchsfläche	bleibender Hauptbestand	im Ganzen	Versuchsfläche	bleibender Hauptbestand	im Ganzen	Versuchsfläche	bleibender Hauptbestand	im Ganzen	Versuchsfläche	bleibender Hauptbestand	im Ganzen
Happei	48	76	Weiherschlag	28	164	Maileshalde	—	21	Bildstöckle	25	83	Rothau	68	88
	= 63		Jägersteig	20	100	Hummelrain	30	95	Rotwiesle	20	84		= 77,2	
	%		Kälblesrain	24	120	Unt. Haiden-			Kieselrain	4	88		%	
			Brunnenwäldle 1	30	90	rückle	92	120	Dicker					
			Langjörgenteich	56	116	Herrenhau	45	65	Busch	54	61			
			Brunnenwäldle 2	20	40	Seewald 2	34	59	Eichwäldle	44	88			
			Buchberg 3 C	24	98	Herrenacker	70	113	Berghalde	60	76			
			Buchberg 1 B	4	137	Ob. Brand-			Steine 2	76	88			
			Buchberg 2 C	4	89	halde	10	10	Steine 1	65	71			
			Kurzenmäuerle	57	73	Seewald 1	51	59	Sausteig	37	45			
			Baumweg	92	120	Hagwiesle 1	56	90		385	684			
			Hirschsprung	60	108	Hagwiesle 2	88	104		: 9	: 9			
			Mittelbül 1	84	120	Eckwald	35	45		= 42,8	= 76,0			
			Weidenf. Wald	112	144		511	781		= 65,4				
			Mittelbül 2	24	28		: 11	: 11		%				
			Brenntenbuck	80	108		= 46,5	= 71,0						
				719	1655		= 65,5							
				: 16	: 16		%							
				= 44,9	= 103,5									
				= 43,4										
				%										

Der grösste Höhenunterschied, nämlich zwischen dem im Enzthal gelegenen Happei und dem $1^1/_2$ Stunden davon auf der Dobler Höhe befindlichen Rothau beträgt rund 340 m, was einem Wärmeunterschied von etwas über 2° C. entspricht. Derselbe ist allerdings so gering, dass wesentliche Abweichungen der verschiedenen Gruppen vielleicht auch nicht zu erwarten waren. Die Bodengestaltung, Bildung von Mulden u. dergl. mit Neigung zur Kälteansammlung wegen gehinderten Luftwechsels mag zuweilen viel grössere Wärmeabweichungen veranlassen, als erhebliche Höhenunterschiede.

Etwas anders verhält es sich möglicherweise mit der Verschiedenheit der Versuchsflächen und ihrer Krebshäufigkeit nach deren Lage zur Windrose.

Ordnet man die Versuchsflächen nach 16 Himmelsrichtungen, so fällt zunächst auf, dass in dem ganzen Viertelkreis von SO bis NO keine dieser 38 Flächen zu liegen kommt. Zieht man hierauf den Durchschnitt der Anzahl von Krebsstämmen, welche auf die verschiedenaltrigen Versuchsbestände einer und derselben Himmelsrichtung fallen, so scheint zunächst eine deutlich ausgeprägte Regel nicht zu bestehen. Dieselbe tritt jedoch durch die gezeichnete Darstellung in Tafel 7 zu Tage. Die Kurve der Krebshäufigkeit für den undurchforsteten Gesammtbestand erreicht ihren Scheitelpunkt bei NNW, diejenige für den bleibenden Hauptbestand bei WNW. So darf als wahrscheinlich angenommen werden, dass auf NW-Seiten die Gefahr der Krebsansteckung am grössten ist. Da unsere Hauptwindrichtung die südwestliche ist, so wäre eher zu vermuthen gewesen, dass mit ihr auch die Himmelsrichtung der grössten Krebshäufigkeit zusammenfalle, denn die Verbreitung der Krankheit, sei es durch die Sporen der Aecidien oder durch die Sporidien der im Generationswechsel mit denselben stehenden Pilzform, wird ohne Zweifel durch den Wind vermittelt. Es müsste nur sein, dass zur Zeit der Uebertragung der gefahrbringenden Keime die Windrichtung eine mehr nordwestliche wäre. Doch ist dies nicht gerade wahrscheinlich; vielmehr liegt der Gedanke näher, dass jene Sporen sich erst niederlassen, wo die erste Gewalt des Windes bereits gebrochen ist, wenn auch nicht gerade auf der dem Wind abgekehrten (Lee-) Seite des Waldes und der Berge.

Es kann auch die Frage erhoben werden, ob der Verschiedenheit des Neigungswinkels ein Einfluss auf die Krebshäufigkeit zukommt. Eine derartige Untersuchung ist keine müssige Spielerei mit Zahlen; denn wenn Verletzungen, wie solche anlässlich der Fällung des Holzes durch Schaft und Aeste der stürzenden Bäume bei der Ansteckung durch den Krebspilz vielleicht eine Rolle spielen, ist es von Haus aus nicht undenkbar, dass ein gewisser Gegensatz zwischen nahezu ebenen Lagen und steilen Hängen auch in der Häufigkeit der Stammkrebse sich abspiegelt.

Theilt man die Versuchsflächen nach ihrer Steilheit in Stufen von 5 zu 5 bis 10 %, so ergibt sich Folgendes als Durchschnitt:

Neigung	0%	0,1 bis 5%	5,1 bis 10%	10,1 bis 15%	15,1 bis 20%	20,1 bis 30%	30,1 bis 40%	über 40%
Anzahl der Versuchsflächen	2	6	5	11	3	5	4	2
Krebsstämme des undurchforsteten Gesammtbestandes	58	86	97	97	52	109	83	30
Krebsstämme des bleibenden Hauptbestandes	50	31	47	46	8	69	54	10

Eine Regel scheint hieraus schwer abgeleitet werden zu können. Wird der Verlauf dieser Häufigkeit durch Zeichnung dargestellt, so zeigt zwar die Kurve für den undurchforsteten Gesammtbestand steilen Aufstieg und sanften Abstieg mit ausgeprägtem Scheitel bei 10 % Neigung; die Kurve für den bleibenden Hauptbestand nimmt jedoch einen äusserst flachen Verlauf an; es ist indess bemerkenswerth, dass auch hier die höchste Erhebung derselben zwischen 8 und 12 % liegt. Eine Erklärung hiefür dürfte nicht nahe liegen.

Es ist nun weiter zu erörtern, ob die Bodenart in ursächlichem Zusammenhang mit der Krebshäufigkeit steht. Von den 38 Versuchsflächen liegen $^3/_5$ auf Buntsandstein und $^3/_{10}$ auf Kalkformationen. Eine Zusammenstellung hierüber enthält die Tabelle 6. Bei den Goldshöfer Sanden, dem mittleren weissen Jura und Diluvium sind nur Baumhölzer vertreten, bei den übrigen bodenbildenden Gesteinen alle Altersstufen.

Tabelle 6.

Zahl der Krebsstämme auf 1 ha nach Formationen.

Buntsandstein

Versuchsfläche	bleibender Hauptbestand	Gesammtbestand
Bildstöckle	25	83
Rotwiesle	20	84
Kieselrain	4	88
Brunnenwäldle 1 alt	30	90
Langjörgenteich	56	116
Brunnenwäldle 2 neu	20	40
Buchberg 3 C	24	98
Buchberg 1 B	4	137
Buchberg 2 C	4	89
Kurzenmäuerle	57	73
Hummelrain	30	95
Unt. Haidenrückle	92	120
Herrenacker	70	113
Happei	48	76
DickerBusch	54	61
Eichwäldle	44	88
Hagwiesle 1	56	90
Baumweg	92	120
Hirschsprung	60	108
Rothau	68	88
Hagwiesle 2	88	104
Berghalde	60	76
Sausteig	37	45
Durchschnitt	1043 : 23 = 45,4 = 50%	2082 : 23 = 90,6

Muschelkalk

Versuchsfläche	bleibender Hauptbestand	Gesammtbestand
Maileshalde	—	21
Herrenhau	45	65
Obere Brandhalde	10	10
Eckwald	35	45
	90 : 4 = 22,5 = 64%	141 : 4 = 35,3

brauner Jura

Versuchsfläche	bleibender Hauptbestand	Gesammtbestand
Weiherschlag	28	164
Jägersteig	20	100
Kälblesrain	24	120
Weidenfelder Wald	112	144
Brentenbuck	80	108
	264 : 5 = 52,8 = 42%	636 : 5 = 127,2

Goldshöfer Sande

Versuchsfläche	bleibender Hauptbestand	Gesammtbestand
Mittelbül 1	84	120
Mittelbül 2	24	28
	108 : 2 = 54 = 73%	148 : 2 = 74

Mittl. weiss. Jura

Versuchsfläche	bleibender Hauptbestand	Gesammtbestand
Steine 2	76	88
Steine 1	65	75
	141 : 2 = 70,5	163 : 2 = 81,5

Diluvium

Versuchsfläche	bleibender Hauptbestand	Gesammtbestand
Seewald 2	34	59
Seewald 1	51	59
	85 : 2 = 42,5 = 86%	118 : 2 = 59

zusammen

a	b
688 : 15 = 45,8 = 57%	1206 : 15 = 80,4

Ordnet man die Formationen nach der durchschnittlichen Anzahl der Krebsstämme der auf ihnen stockenden Versuchsbestände, so ergiebt sich (für 1 ha):

a) undurchforsteter Gesammtbestand			b) bleibender Hauptbestand		
1. brauner Jura α	127	Stück	1. mittl. weisser Jura	70	Stück
2. Buntsandstein	91	-	2. Goldshöfer Sande	54	-
3. mittl. weisser Jura	81	-	3. brauner Jura	53	-
4. Goldshöfer Sande	74	-	4. Buntsandstein	45	-
5. Diluvium	59	-	5. Diluvium	42	-
6. Muschelkalk	35	-	6. Muschelkalk	22	-

Dass beim bleibenden Hauptbestand der mittlere weisse Jura und die Goldshöfer Sande obenan zu stehen kommen, rührt daher, dass hier nur haubare und angehend haubare Bestände vorliegen, in welchen die Zahl der Krebsstämme durch eine an den Arbeitsplan angelehnte Durchforstung nur wenig vermindert werden konnte (um 27—30 %). In die Augen fallend ist die geringe Krebshäufigkeit auf Diluvium und namentlich Muschelkalk, welche beide unter a und b je die gleiche Stellung behalten. Mit Ausnahme des Buntsandsteins und der Goldshöfer Sande liegen hier lauter mineralisch kräftige Böden vor, und doch zeigt sich die grösste Verschiedenheit hinsichtlich des Vorkommens der Krebskrankheit. Der Hauptmuschelkalk insbesondere ist ein sehr kräftiger Boden, und doch finden sich auf dem nicht besseren Boden des braunen und weissen Jura $3^1/_2$ mal so viel und auf dem mineralisch armen Buntsandstein $2-2^1/_2$ mal mehr Krebsstämme als auf dem Hauptmuschelkalk. Es lässt sich daher nicht schlechtweg behaupten, dass die Krebshäufigkeit auf besserem Boden grösser sei als auf geringem; jedenfalls sprechen die untersuchten Probebestände nicht dafür und es käme darauf an, noch weitere Erhebungen über diese Frage zu machen.

Nachdem sich im Vorstehenden zeigte, dass kein einzelner der Bestandtheile des Standorts einen erkennbaren Einfluss auf die Krebshäufigkeit besitzt, kann nun auch die Gesammtwirkung dieser Bestandtheile in der gedachten Richtung in's Auge gefasst werden, d. h. es möge untersucht werden, ob die Standortsgüte (Bonität) bei der Häufigkeit der Krebsstämme zu einem bestimmten Ausdruck kommt.

Während Schuberg in seinen Ertragstafeln 5 Standortsklassen annimmt, beschränkte sich Lorey auf 4, wobei es auch hier sein Bewenden haben muss. Nun liegt hier das ungünstige Verhältniss vor, dass zwar von I. und II. Standortsgüte eine genügende Anzahl von Versuchsflächen, nämlich 17 und 16, zur Untersuchung hinsichtlich ihrer Krebshäufigkeit gelangten, von III. und IV. Standortsgüte aber nur 3 bzw. 2, so dass selbst bei Zusammenfassung der beiden letzteren die Anzahl zu gering ist, um zuverlässige Schlüsse darauf bauen zu können. Es ist zwar in Tafel 8 der Versuch einer bildlichen Darstellung gemacht. Dieselbe kann jedoch nur für I. und II. Standortsgüte Giltigkeit beanspruchen, und hier sind die Unterschiede ganz gering. Für III. und IV. fehlt es insbesondere auch an jüngeren Beständen. Beim bleibenden Hauptbestand weist indess der untere Ast der Kurve auf den Schnittpunkt von I und II in der Art hin, dass vor dem 72. Jahr die Zahl der Krebsstämme im bleibenden Hauptbestand auf den guten, später auf den schlechten Standorten geringer ist. Dieses Verhältniss ist angesichts der viel schwächeren Abnahme der Stammzahlen bei geringen Standorten und der in Folge dessen leichteren Auswahl von Ersatzstämmen für die zu fällenden Krebstannen an sich ein wahrscheinliches. Zur Bestätigung desselben müssten jedoch weitere Aufnahmen auf Standorten III. und IV. Güte gemacht werden.

§. 39. Nachdem nun die Beziehungen des Standorts zur Krebshäufigkeit näher besprochen sind, gelangen wir zu einigen waldbaulich und in sonstiger Beziehung sehr wichtigen Fragen. Dieselben lauten:

1. Wie vertheilen sich die Krebsstämme nach ihrer Stärkeentwicklung in verschiedenen Altersstufen auf den Gesammtbestand?

2. Welchen Antheil nehmen die Krebsstämme an dem künftigen oder bereits vorhandenen Haubarkeitsbestand?

Beide Untersuchungen sind aus den vorhin genannten Gründen ohne Unterscheidung der einzelnen Standortsklassen zu führen.

Die 1. Frage beantwortete sich leicht, da die Durchmesser der Krebsstämme aufgenommen waren; es handelte sich hier einfach darum, den Durchmesser der Mittelstämme derselben aus der Kreisflächensumme und Stammzahl zu berechnen. Diese Mittelstämme

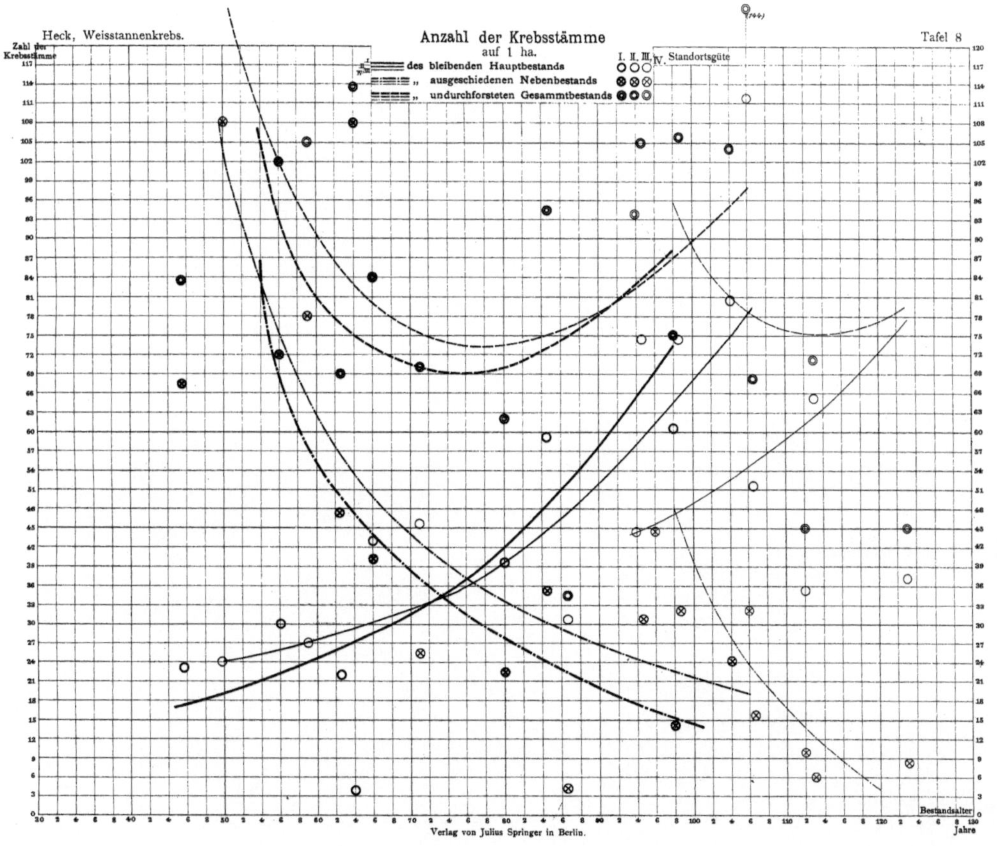

Verlag von Julius Springer in Berlin.

konnten dann hinsichtlich ihrer Stärke mit denjenigen des gesammten Bestandes einschliesslich der Krebstannen verglichen werden oder mit den Mittelstämmen aller nicht mit Krebs behafteten Tannen. Es wurde der erstere Weg vorgezogen, da der Mittelstamm des bleibenden Gesammtbestandes, nicht blos eines ausgewählten Theils desselben, bei anderen Untersuchungen in Betracht gezogen wird.

Vergleicht man nun wiederum die verschiedenen Altersstufen, so findet sich Folgendes:

Durchschnittliche Durchmesser der Mittelstämme in cm.

Alle Tannen:			Krebstannen:		
Gehauen	bleibend	im Ganzen	gehauen	bleibend	im Ganzen
Altersstufe **40—59 Jahre** (6 Flächen)					
9,5	14,7	13,1	14,1	22,1	15,6
Altersstufe **60—79 Jahre** (9 Flächen)					
12,3	18,2	16,8	15,6	21,7	18,5
Altersstufe **80—99 Jahre** (13 Flächen)					
19,6	27,3	26,0	22,2	29,6	27,9
Altersstufe **100—123 Jahre** (10 Flächen)					
24,9	33,8	32,6	26,5	35,3	33,9
Im **Durchschnitt** aller Flächen					
17,7	24,9	23,5	20,5 (+ 2,8)	28,2 (+ 3,3)	25,4 (+ 1,9)

Es zeigt sich das überraschende Ergebniss, dass sowohl beim Gesammtbestand und dem Nebenbestand, wie insbesondere beim bleibenden Hauptbestand die Krebsstämme im Durchschnitt erheblich stärker[1]) sind, als die Mittelstämme aller kranken und gesunden Tannen zusammen, um so mehr als der

[1]) Dieser Stärkeüberschuss bezieht sich zunächst auf den Durchmesser in der Messhöhe von 1,3 m über dem Boden (auf geneigtem Boden geschah die Messung und Anbringung der Brusthöhenmarke weder auf der Thal- noch Bergseite, sondern in halber Höhe, seitlich, d. h. 1,3 m über dem Ursprung der Stammaxe). Befand sich ein Schaftkrebs in der Nähe der Messhöhe, so wurde der Brusthöhendurchmesser als Mittel aus zwei gleich weit, und zwar so weit über bzw. unter der wirklichen Brusthöhe gelegenen Durchmessern genommen, dass ein Einfluss der Krebsbeule auf Schaftform und Durchmesser nicht mehr bemerklich war.

In wie weit dem grösseren Durchmesser auch ein von den gewöhnlichen Regeln etwa abweichender grösserer Schaftinhalt der Krebsstämme oder eine ungesunden Tannen allein. Dies ist nicht nur bei den einzelnen Altersstufen im Durchschnitt der Fall, sondern auch bei fast allen Versuchsflächen im Einzelnen, wobei das Uebergewicht an Durchmesser für die Krebsstämme oft sehr bedeutend hervortritt. Hiervon finden nur einige verschwindende Ausnahmen bei über 80jährigen Beständen statt, die um so weniger in Betracht kommen, als bei denselben das umgekehrte Verhältniss nur schwach ausgeprägt ist.

Wie überall, so giebt auch hier die, in Tafel 9 wiedergegebene, bildliche Darstellung die beste Vorstellung von den Gesammtverhältnissen und es ist der asymptotische Verlauf der unter sich sehr ähnlichen entsprechenden Kurven beachtenswerth, sowie der Umstand zu bemerken, dass die Anfangspunkte der zugehörigen Linien sehr weit, bis zu 6 cm, auseinanderliegen, 2 bis 6 mal so weit als die Endpunkte. Mit zunehmendem Alter gleichen sich die Durchmesserunterschiede der Krebstannen einerseits und sämmtlicher Tannen andererseits immer mehr aus. Dies hängt offenbar damit zusammen, dass die Ausscheidung der Krebsstämme auf dem Wege einer arbeitsplanmässigen Durchforstung mit steigendem Bestandsalter immer schwieriger wird.

Für alle Fälle bleibt die Thatsache bestehen, dass in jüngeren Stangenhölzern die Krebstannen durchschnittlich zu den stärksten Stämmen des Bestandes gehören. Da eine Förderung des Wachsthums durch den Krebspilz nur in den erkrankten Theilen selbst und deren Nähe stattfindet, nicht aber auf den ganzen befallenen Stamm sich erstreckt[1]), dessen Gesammtzuwachs durch den Ein-

---

regelmässige Vertheilung des Zuwachses in verschiedenen Stammhöhen entspricht, konnte aus Mangel an Zeit nicht näher untersucht werden. Bei der Aufnahme der sehr zahlreichen Probestämme, unter welchen naturgemäss ein der Versuchsfläche entsprechender Antheil von Krebsstämmen enthalten sein musste, nach 2 m langen Abschnitten, fiel es mir indess nie auf, dass der Krebs einen auf mehr als $^1/_2$—2 m, äussersten Falls 3 m weit sich erstreckenden Einfluss auf die Wuchsform des Schafts besass. Ich glaube, dass dieser Einfluss selbst bei starken Stammbeulen in der Schaftformzahl von Krebsstämmen im Vergleich mit derjenigen gesunder Tannen von gleicher Brusthöhenstärke, Scheitelhöhe, Alter, Erziehung u. s. w. kaum zum Ausdruck kommt.

[1]) Ein „Umsetzen“ der Krebstannen, d. h. der Vorgang, nach dem die vom Krebs ergriffenen Stämme und zwar in Folge der Krebswucherung die gleichaltrigen und bisher vielleicht gleich starken oder gar stärkeren im Wachsthum überholen würden, ist sehr unwahrscheinlich. Gewissheit hierüber wird indess

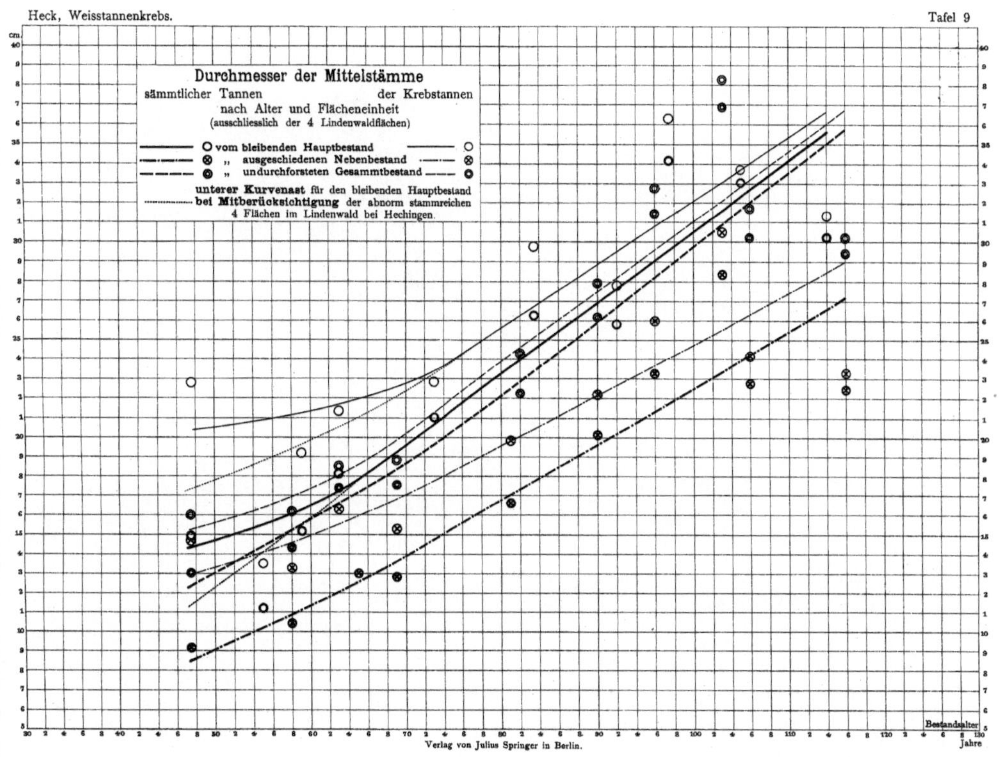

Verlag von Julius Springer in Berlin.

fluss der Krebsbeule eher eine Schmälerung erleidet, so muss angenommen werden, dass die Krebsstämme von Jugend auf zu den stärksten des Bestandes gehörten. Umgekehrt müsste hieraus geschlossen werden, dass es von Haus aus die stärksten Stämme des Bestandes sind, welche der Krebsansteckung hauptsächlich unterliegen. Ob dies nun die in Folge bevorzugten Standorts im Einzelnen die bestentwickelten sind, oder von Anfang an zugleich die ältesten, d. h. also in der Hauptsache die Vorwüchse aus der natürlichen Verjüngung, das mag bis zu näherer vergleichender Untersuchung dahingestellt bleiben. Indess sei hier an die früher mitgetheilte Thatsache erinnert, dass ich in natürlichen Verjüngungen die ältesten Vorwuchshorste, und zwar inmitten der Bestände nicht weniger als an deren Rande, am häufigsten mit dem Krebs angesteckt fand.

Von nicht geringerer Bedeutung ist die mit der vorigen in Zusammenhang stehende Frage nach der Antheilnahme der Krebsstämme am Haubarkeitsbestand, ob dieser nun schon fertig ausgebildet vorliegt, bzw. allein noch übrig blieb, oder erst durch zielbewusste Wirthschaft, insbesondere durch einen richtig geleiteten Durchforstungsbetrieb herauszugestalten ist. Wenn wir von einigen auffallend stammarmen Beständen des Schwarzwaldes absehen, so wird die durchschnittliche Zahl der Haubarkeitsstämme etwa zu 600 Stück auf 1 ha angenommen werden können. In Tabelle No. 7 ist nun im Einzelnen nachgewiesen: einmal, wie viele von den Krebsstämmen zum Haubarkeitsbestand gehören, was im Durchschnitt, je nach der Rechnungsweise, bei 71—86 % derselben der Fall ist; zum anderen, wie viele Hundertel der Stämme des Haubarkeitsbestandes bzw. der 600 stärksten Stämme Krebsstämme sind; letzteres trifft durchschnittlich bei 5,8—6,5 % der ersteren zu. Es zeigt sich die Gefährlichkeit des Krebses für den Haubarkeitsbestand kaum irgendwo so deutlich, als in den soeben angeführten Zahlen; ebenso tritt hier die früher hervorgehobene Thatsache besonders scharf hervor, wonach der Krebs von Haus aus die stärksten und in der Hauptsache wohl ältesten Pflanzen des Bestandes mit Vorliebe erfasst. §. 40.

nur aus wirklich ausgeführten Zuwachsvergleichungen an Stammscheiben zu erlangen sein. — Ueber das „Umsetzen" der Fichten siehe den lehrreichen Aufsatz Lorey's im Juliheft von 1892 der Allgem. Forst- und Jagdzeitung.

Tabelle 7.

Antheil d. Krebsstämme am Haubarkeitsbest. bzw. d. 600 stärksten Stämmen vom ha.

Versuchsfläche	Alter	Zahl der Krebsstämme des bleibenden Hauptbestandes auf 1 ha	Hiervon gehören zum Haubarkeitsbestand bzw. den 600 stärksten Stämmen	Von den 600 stärksten Stämmen bzw. vom Haubarkeitsbestand sind Krebsstämme
Bildstöckle	44	25	21 Stück = 83 %	3,5 %
Rotwiesle	47	20	16 „ = 80 „	2,7 „
Weiherschlag	48	28	20 „ = 71 „	3,3 „
Kieselrain	51	4	4 „ = 100 „	0,67 „
Jägersteig	52	20	12 „ = 60 „	2,0 „
Lindenwald 1	56	140	57 „ = 41 „	9,5 „
„ 2	56	166	25 „ = 15 „	4,2 „
„ 4	56	150	34 „ = 23 „	5,7 „
„ 3	58	146	35 „ = 24 „	5,8 „
Kälblesrain	58	24	20 „ = 83 „	3,3 „
Brunnenwäldle 1	60	30	25 „ = 83 „	4,2 „
Langjörgenteich	61	56	36 „ = 64 „	6,0 „
Brunnenwäldle 2	62	20	16 „ = 80 „	2,7 „
Maileshalde	62	—	— „ = — „	— „
Buchberg 3 C	63	24	16 „ = 67 „	2,7 „
„ 1 B	64	4	4 „ = 100 „	0,67 „
„ 2 C	64	4	— „ = — „	— „
Kurzenmäuerle	64	57	36 „ = 64 „	6,0 „
Hummelrain	68	30	25 „ = 83 „	4,2 „
Unt. Haidenrückle	80	92	72 „ = 78 „	12,0 „
Herrenhau	80	45	20 „ = 44 „	3,3 „
Seewald 2	80	34	20 „ = 57 „	3,3 „
Herrenacker	82	70	60 „ = 86 „	10,0 „
Ob. Brandhalde	85	10	10 „ = 100 „	1,7 „
*Happei	87	48	48 „ = 100 „	8,0 „
Seewald 1	88	51	32 „ = 62 „	5,3 „
Dicker Busch	91	54	54 „ = 100 „	9,0 „
Eichwäldle	94	44	20 „ = 44 „	3,3 „
Hagwiesle 1	94	56	51 „ = 90 „	8,5 „
Baumweg	95	92	92 „ = 100 „	15,3 „
Hirschsprung	96	60	56 „ = 93 „	9,3 „
*Rothau	98	68	68 „ = 100 „	11,3 „
*Hagwiesle 2	101	88	88 „ = 100 „	14,7 „
*Berghalde	104	60	60 „ = 100 „	10,0 „
Steine 2	104	76	76 „ = 100 „	12,7 „
*Mittelbül 1	104	84	84 „ = 100 „	14,0 „
Weidenfelder Wald	106	112	112 „ = 100 „	18,7 „
*Mittelbül 2	106	24	24 „ = 100 „	4,0 „
Brenntenbuck	107	80	76 „ = 95 „	12,7 „
*Eckwald	112	35	35 „ = 100 „	5,8 „
Steine 1	113	65	59 „ = 91 „	9,8 „
Sausteig	123	37	29 „ = 78 „	4,8 „
einschl. d. hohenzoll. Flächen		2333	1648 Stück = 70,7 %	6,5 %
durchschnittlich		55,5	39,2	
ausschliesslich derselben . . .		1731	1497 „ = 86,5 „	5,9 „
durchschnittlich		41,2	35,6	
ausschl. d. hohenz. Fl. u. d. * Bestände mit weniger als 600 Stämmen auf 1 ha		1324	1090 „ = 82,3 „	5,8 „
durchschnittlich		42,7	35,1	

*) Bestände mit weniger als 600 Stämmen auf 1 ha.

Bei der Untersuchung über die Verbreitung des Weisstannenkrebses kann ein Punkt nicht ausser Acht gelassen werden. Derselbe betrifft nicht, wie bisher betrachtet, seine Vertheilung auf die Stammklassen und die verschiedenartigen Bestandtheile des Gesammtbestandes, sondern ohne Rücksicht auf den einzelnen Stamm die Höhe über dem Boden, in welcher der Stammkrebs auftritt. Dass diese Höhe eine verhältnissmässig geringe ist, wurde schon früher mitgetheilt. Doch möge der Beweis hierfür noch folgen. Leider erstreckt sich derselbe nur auf eine geringe Anzahl von Tannenbeständen. Zwar fiel es mir bei diesen Aufnahmen schon frühzeitig auf, bald mehr, bald weniger, dass jene Krebshöhen durchschnittlich so gering seien; zahlreiche Ausnahmen schienen der Aufstellung einer Regel ungünstig. So entschloss ich mich spät zu wirklichen Messungen auf und neben den Versuchsflächen; dieselben ergaben Folgendes: bei der Versuchsfläche Jägersteig eine durchschnittliche Krebshöhe von 2,3 m, also beiläufig $^1/_6$ der mittleren Bestandshöhe von 14,6 m; bei Kälblesrain eine durchschnittliche Krebshöhe von 3,5 m, also etwa $^1/_5$ der mittleren Bestandshöhe von 16,9 m. In einigen haubaren Beständen ergab sich Folgendes: (siehe die Tabelle S. 120). §. 41.

Im März 1892 fand ich in dem 65jährigen durchschnittlich 13,1 m hohen Tannenbestand Buchrain im Revier Bodelshausen nachstehende Vertheilung:

Krebshöhe über dem Boden m	0,3	0,5	1	1,5	2	3	4	5	6	7	8	9		Durchschnittlich 3,75 m hoch = 1 : 3,5
Zahl der Krebsstämme	1	5	13	12	3	6	14	13	13	2	6	2	90	
	19			21			27		23					

Hier war es auch, wo ich gelegentlich untersuchte, wie viele von den Stammkrebsen umläufig sind; es ergaben sich von obigen 90 Stück 38 = 42,2 %.

Im Revier Adelberg, das ich seit Juli 1892 verwalte, konnte ich vorerst nur in einem 45jährigen, einem 60jährigen, einem 75jährigen und je einem angehend haubaren 78jährigen und 86jährigen Tannenbestand Messungen anstellen. Im ersten[1]) fand

[1]) Bei 37 Stämmen, die hier (Abtheilung Stöckwies) besonders gemessen wurden, war im Durchschnitt: der Brusthöhendurchmesser 10,4 cm, die Scheitel-

Schaftkrebshöhen in haubaren Versuchsbeständen.

Versuchsfläche	m über dem Boden																						Durchschnittlich	Verhältniss zur Bestandsmittelhöhe
	0,5	1	2	3	4	5	6	7	8	9	10	11	12	13	14	15	16	17	18	19	20	21		
	Zahl der Krebsstämme																						m	
Steine, Fläche 1 (104 jährig)	1	—	1	—	2	1	1	2	6	—	1	3	2	—	—	—	—	—	2	2	1	1	10,2	1 : 2,5
Mittelbül, Fläche 1 (104 jährig)	1	3	5	3	6	4	2	4	4	4	1	5	—	1	2	1	2	2	2	2	1	—	9,8	1 : 2,8
Weidenf. Wald (106 jährig)	2	2	3	4	4	5	4	3	1	2	2	1	—	—	1	—	—	—	—	—	—	—	5,3	1 : 4,9
Brenntenbuck (107 jährig)	2	8	3	10	5	4	3	5	9	4	4	2	—	2	—	2	—	—	—	—	—	—	5,7	1 : 3,9
	6	13	12	17	17	14	10	14	20	10	8	11	2	3	3	3	2	2	4	4	2	1		
	zusammen 178 Stück																						7,1	1 : 3,2
	3,4	7,3	6,7	9,6	9,6	8,0	5,6	7,9	11,2	5,6	4,5	6,2	1,1	1,7	1,7	1,7	1,1	1,1	2,2	2,2	1,1	0,5		
	27,0 %				23,2 %			24,5 %			25,1 %													
	50,2 %																							

sich eine durchschnittliche Höhe von 2,2 m = $\frac{1}{4}$ der Scheitelhöhe, im zweiten eine solche von 3,5 m, im dritten eine Krebshöhe von 6,2 m, im vierten von 5,1 m = $\frac{1}{4,9}$ der Scheitelhöhe und im fünften von 4,5 m = $\frac{1}{5,6}$ der mittleren Bestandshöhe, für je 50 Stämme.

Es zeigt sich bei der geringen durchschnittlichen Höhe, die der Krebs auch in haubaren Beständen besitzt, die Schädlichkeit dieser Krankheit im hellsten Lichte. Würde dieselbe nur etwa im Gipfel auftreten, so wäre sie für Waldbau wie Forstbenutzung kaum von Belang. In Wirklichkeit fällt die Krebserkrankung so recht eigentlich in den werthvollsten Theil des Stammes, und darin liegt auch die grosse waldbauliche Bedeutung der Krebsfrage.

Nachdem bisher fast durchweg die Aufnahme der 38 bzw. 42 §. 42.
Tannenversuchsflächen als Quelle der Beobachtungen und Erfahrungen über den Weisstannenkrebs ausgenützt wurde, möge nun auch verwerthet werden, was die früher erwähnte Umfrage bei einer grösseren Anzahl von Revierämtern für Ergebnisse lieferte.

Diese Umfrage hat folgenden Wortlaut:

„Hohenheim, im März 1880.

P. P.

Mit einer entwicklungsgeschichtlichen Untersuchung über den Krebs und die Hexenbesen der Weisstannen beschäftigt, wendet sich der Unterzeichnete an Sie mit der Bitte, ihn durch Ausfüllung des beigelegten Fragebogens bei der Sammlung von statistischem Stoff unterstützen zu wollen.

Obgleich im Jahre 1867 A. de Bary nachgewiesen hat, dass die unter dem Namen „Krebs“ und „Kropf“ der Weisstanne bekannte Krankheit und ebenso die sog. „Hexenbesen“ oder „Donnerbesen“ an demselben Baume durch die Vegetation eines Rostpilzes (Aecidium elatinum A. S.) verursacht werden, so ist doch der Entwicklungsgang dieses Schmarotzerpilzes noch nicht vollständig bekannt geworden. Damit hängt es zusammen, dass sich auch für die forstliche Praxis derzeit noch keine wissenschaftlich begründeten Maassregeln zur Abwehr gegen die Verbreitung der Krankheit angeben lassen.

De Bary's Versuche, ob die Fortpflanzungsorgane des Aecidium elatinum im Stande seien, auf den Blättern oder Zweigen der Weisstanne zu keimen und gesunde Pflanzen krank zu machen, hatten ein negatives Ergebniss; nach den Erfahrungen aber, welche man über den Entwicklungsgang zahlreicher verwandter Rostpilze hat, ist es sehr wahrscheinlich,

---

höhe 9,1 m, die Krebshöhe 2,16 m, der Stammdurchmesser 10 cm. unterhalb des Krebses 10,6 cm, der Durchmesser der Krebsstelle 15,2 cm.

dass auch der Entwicklungskreis des Aecidium elatinum durch die bis jetzt gemachten Beobachtungen noch nicht als abgeschlossen gelten kann. Nicht blos die bekannte Thatsache, dass z. B. der Rost der Berberitzen und der Rost der Rhamnus-Arten Entwicklungsformen zweier Pilze sind, deren andere Fruchtformen den Rost des Getreides darstellen, weist auf ähnliche Verhältnisse bei Aecidium elatinum hin, sondern auch einige erst in der letzten Zeit gemachte Beobachtungen über Rostpilze auf anderen Nadelhölzern. So stellte sich durch die Untersuchungen von R. Wolff heraus, dass derjenige Rostpilz, welcher an Kiefern die als „Blasenrost" und „Kienzopf" bekannten Krankheiten hervorruft, seine vollständige Entwicklung nur dann vollendet, wenn er eine andere Fruchtform auf den in und an Wäldern häufig wachsenden Senecio-Arten hervorbringen kann. Und kürzlich wies wiederum de Bary nach, dass der Pilz des „Fichtennadelrostes", der in manchen Alpengegenden in epidemischer Weise in Fichtenwaldungen verheerend auftritt, die eine Fruchtform einer Rostart ist, von der eine (eigentlich zwei) andere auf den Blättern der Alpenrose sich findet. Aus diesen Gründen hat es einen hohen Grad von Wahrscheinlichkeit, dass auch der vollständige Entwicklungsgang des mit den eben erwähnten Pilzen sehr nahe verwandten Aecidium elatinum noch eine zweite Fruchtform aufweisen wird, die nicht auf der Weisstanne vorkommt. Vermuthlich wird diese Fruchtform in Tannenwäldern (wo der Krebs auftritt) nicht selten und gewiss auch den Botanikern bereits bekannt sein; es handelt sich nur darum, festzustellen, welcher von der ziemlich grossen Auswahl der in Wäldern vorkommenden Rostpilze eben der zugehörige ist.

Dies womöglich festzustellen, will der Unterzeichnete im nächsten Sommer versuchen, und gestattet sich bei der hervorragend praktischen Bedeutung, welche diese Frage für den Forstmann hat, auch Ihre gefl. Mitwirkung in Anspruch zu nehmen. Er hofft, auf diese Weise einmal in den Besitz von Stoff zu kommen, aus welchem sich ein Schluss auf die für die Beobachtung der Krankheit günstigen Reviere Württembergs ziehen lassen wird; ferner aber gewisse Anhaltspunkte dafür zu gewinnen, in welcher Art von Wäldern und an welchen besonderen Oertlichkeiten eines Waldes etwa die vorausgesetzte zweite Fruchtform des Aecidium elatinum zu suchen sein würde. In dieser Hinsicht wären besonders die letzten 3 Fragen einer gefl. eingehenden Beantwortung zu empfehlen. Alle besonderen Beobachtungen, die sich unter die formulirten Fragepunkte nicht einordnen lassen, aber von Interesse zu sein scheinen, werden mit lebhaftem Dank entgegengenommen werden.

Mit vorzüglicher Hochachtung

gez. Dr. Oskar Kirchner."

Die gestellten Fragen lauteten folgendermaassen:

„Revier . . . . .

1. Kommen im Revier Weisstannen als (annähernd) reine Bestände vor?

2. Kommen Weisstannen eingesprengt in nennenswerther Menge vor?

3. Ist der Weisstannenkrebs beobachtet?

4. In welcher Häufigkeit?

5. Sind Hexenbesen auf Weisstannen beobachtet?

6. In welcher Häufigkeit?

7. Ist der Krebs häufiger in reinen oder in gemischten Beständen? bzw. fehlt er in einem von beiden?

8. Desgleichen bezüglich der Hexenbesen?

9. In welcher Stammhöhe tritt der Krebs am häufigsten auf?

10. Wie alt sind annähernd die jüngsten Bäume, welche Anfänge des Krebses zeigen?

11. Desgleichen die Bäume mit Hexenbesen?

12. Ist von beiden Krankheiten eine Verbreitung zu bemerken, oder beschränkt sie sich auf die einmal befallenen Bäume?

13. Bilden die kranken Bäume (mit Krebs oder Hexenbesen) bestimmte Gruppen, oder sind sie gleichmässig im Bestande zerstreut?

14. Kommen die kranken Bäume häufiger mitten im Bestande vor, oder an Wegen, an Waldsäumen u. dgl.?

15. Besondere Bemerkungen."

Die K. Forstdirektion in Stuttgart beauftragte, dem Ansuchen von Dr. Kirchner entsprechend, durch Erlass vom 8. März 1880 alle betheiligten Forst- und Revierämter mit Beantwortung der obigen Fragen.

Wie Herr Professor Dr. Kirchner unterm 8. Februar 1892 mir mittheilte, gelang es leider nicht, an der Hand des angesammelten Stoffes den vermutheten Zwischenwirth nebst zugehöriger Fruchtform aufzufinden, was der ausschliessliche Zweck jener Umfrage war.

„Auch andere haben bei Behandlung der Frage dieselbe traurige Erfahrung gemacht, so ausser de Bary z. B. J. Schröter in Breslau, einer unserer hervorragendsten Mykologen in Breslau, der früher im badischen Schwarzwald seine Beobachtungen angestellt hat. Ich halte es jetzt nicht für ausgeschlossen, dass das Aecidium elatinum keine andere Fruchtform besitzt und hielte es für wünschenswerth, die Ansteckung der Weisstanne durch Aecidiumsporen von Neuem zu versuchen."

Soweit Herr Prof. Kirchner, der gleichzeitig mit vorstehenden Mittheilungen die grosse Güte hatte, mir die ausgefüllten Fragebogen „zu beliebiger Verwerthung" zuzusenden.

§. 43. Theils zur Bestätigung der insbesondere auf meinen Versuchsreisen allmählich entstandenen Ansichten, theils zur Gegenüberstellung der beiderseitigen Ergebnisse seien nun die Antworten auf jene 14 Fragen nach Revieren und in geeigneter Reihenfolge und Abstufung mitgetheilt, so, wie ich sie aus den mir überlassenen Acten zusammenstellte.

Dieselben lauten:

Zu Frage 1:

Ja: Reviere Altensteig, Simmersfeld; Ellwangen, Abtsgmünd, Kapfenburg; Mönchsberg, Sittenhart, Sulzbach; Göppingen; Leonberg, Wiernsheim; Calmbach, Herrenalb, Langenbrand, Liebenzell, Schwann, Wildbad; Murrhart; Schorndorf, Welzheim, Adelberg, Gmünd; Rosenfeld, Sulz; Bettenreute; Hirsau; Horb, Alpirsbach, Dunningen[1]) (29).

Nein: Hohenberg; Gschwend; Baindt, Wangen i. Allgäu, Weingarten, Weissenau; Nagold.

Zu Frage 2:

Ja: Dieselben Reviere wie bei Frage 1 (ja), ausserdem: Hohenberg; Gschwend; Horb; Leutkirch, Wangen, Weissenau; Nagold.

Ganz vereinzelt: Baindt, Weingarten.

Nein: Leonberg.

Zu Frage 3:

Ja: Dieselben Reviere wie bei Frage 2 (ja) mit Ausnahme von Horb und Leutkirch; ausserdem Baindt.

Nein: Leutkirch.

Zu Frage 4:

Sehr häufig: Göppingen; Calmbach, Herrenalb, Liebenzell, Wildbad; Sulz, Horb, Alpirsbach, Dunningen.

Ziemlich häufig: Altensteig; Kapfenburg; Sulzbach; Schorndorf, Gmünd:

[1]) Warum die Reviere des Forstbezirks Freudenstadt: Baiersbronn, Bulbach, Freudenstadt, Reichenbach, Schönmünzach, Tumlingen, Enzklösterle, Pfalzgrafenweiler, welche zum Theil zu den grössten des Landes gehören und hauptsächlich Tannenwaldungen bergen, in dieser Statistik nicht enthalten sind, ist mir nicht bekannt. Ich fand in diesen Revieren den Krebs nicht weniger häufig, als sonst in und ausser Württemberg.

Nicht besonders häufig: Adelberg[1]).

Wechselnd, bald vereinzelt, bald 3—5 Stück auf kleiner Fläche: Mönchsberg.

Wenig: Gschwend; Baindt, Weingarten, Weissenau; Nagold.

(Angeblich) gar nicht: Leutkirch.

Nach Hunderteln der Stammzahl angegeben: Simmersfeld 3,5 %; Abtsgmünd 1—2, Sittenhart 0,01—1,5; Leonberg 1, Wiernsheim 1—5; Langenbrand 15—20, Schwann 1—25; Murrhart $^1/_2$—$^1/_3$; Rosenfeld 1—20; Bettenreute 0,1, Wangen 4,5; Hirsau bis zu 10 %; Hohenberg unter etlichen Hundert Tannen ein schadhafter Krebsstamm.

Stammzahl angegeben: Ellwangen 2—10 Stämme auf 1 ha; Welzheim 20 und mehr Krebsstämme auf 1 ha.

Zu Frage 5:

Ja: Dieselben Reviere wie bei Frage 1 (ja), ausserdem: Hohenberg; Gschwend; Weissenau; Nagold.

Nein: Baindt[2]), Leutkirch, Wangen, Weingarten[2]).

Zu Frage 6:

Sehr häufig: Calmbach, Wildbad.

Häufig: Ellwangen, Hohenberg, ziemlich häufiger als Krebs, Kapfenburg, etwas weniger häufig als Krebs; ebenso Sittenhart; Göppingen; Murrhart; Hirsau (an 10 % der Krebstannen).

Ziemlich häufig: Altensteig; Sulzbach; Herrenalb; Sulz, Horb, Alpirsbach, Dunningen.

Nicht häufig, selten: Gschwend, Mönchsberg; Liebenzell; Schorndorf, Welzheim, Adelberg[1]), Gmünd; Nagold.

Sehr selten: Weissenau.

Nach Hunderteln der Stammzahl: Simmersfeld 1—3 %; Ellwangen $^1/_4$—$^1/_2$ der Krebsbäume, Abtsgmünd 0,5, Leonberg $^1/_2$, Wiernsheim 1—5; Langenbrand 1, Schwann kaum 1; Rosenfeld 1—10; Bettenreute 0,01 %.

Zu Frage 7:

Häufiger in reinen Beständen: Reviere Altensteig, Simmersfeld; Ellwangen, Abtsgmünd, Hohenberg, Kapfenburg; Mönchsberg;

---

[1]) Krebs und Hexenbesen sind in dem von mir verwalteten Revier Adelberg ungemein häufig.

[2]) Hexenbesen wie Krebs habe ich in Baindt und Weingarten beobachtet.

Leonberg; Calmbach, Langenbrand, Liebenzell, Schwann; Schorndorf, Gmünd; Rosenfeld, Sulz, Horb, Alpirsbach, Dunningen; Hirsau.

Gleich häufig in beiderlei Beständen: Sittenhart, Sulzbach; Göppingen; Wiernsheim; Herrenalb, Wildbad; Murrhart; Adelberg.

Zu Frage 8:

Häufiger in reinen Beständen: Altensteig, Simmersfeld; Abtsgmünd, Hohenberg, Kapfenburg; Mönchsberg; Liebenzell; Schorndorf, Gmünd; Rosenfeld, Sulz, Horb, Alpirsbach, Dunningen; Hirsau.

Häufiger in gemischten Beständen: Langenbrand, Schwann.

Gleich häufig in reinen und gemischten Beständen: Ellwangen; Sittenhart, Sulzbach; Göppingen; Leonberg, Wiernsheim; Calmbach, Herrenalb, Wildbad; Murrhart; Adelberg.

Zu Frage 9:

In 1—4 m Höhe über dem Boden: Gmünd;
- 2—4 m - - - - Adelberg;
bis zu 3 m Höhe, dann abnehmend: Göppingen;
4—5 m hoch: Wangen i. Allgäu.
4,5 m - Herrenalb;
5 m - Welzheim;
1—7 m - Wiernsheim;
2—8 m - Langenbrand[1]);
4—8 m - Gschwend;
$^1/_2$—9 m - Weissenau;
5—8 m - Altensteig; Ellwangen;
2—10 m - Schorndorf;
3—10 m - Nagold;
6—10 m - Hirsau;
8—10 m - Schwann; Bettenreute.
Im unteren Drittel: Liebenzell.

In der unteren Hälfte: Leonberg; Wildbad; Sulz, Horb, Alpirsbach, Dunningen.

Mittlere Stammhöhe: Simmersfeld; Rosenfeld.

---

[1]) Unter 1413 aufgenommenen Krebstannen fanden sich 1117 Krebse unterhalb der Baumkrone, innerhalb letzterer 296. Am häufigsten, nämlich an 987 Stämmen, fanden sich die Krebse in 2—8 m Höhe.

In allen Stammhöhen gleich häufig: Sulzbach.

Von 1 m bis zur Krone: Abtsgmünd.

Von $^1/_2$—$^2/_3$ der Stammhöhe: Hohenberg; Calmbach.

Von 0,5—15 m und mehr: Mönchsberg, Sittenhart (je nach Bestandsalter).

Von 2—15 m Murrhart.

Ausserdem häufig auch:

Bei $^1/_2$—4 m Altensteig;

- 1—4 m Ellwangen.

Am Fuss: Hirsau.

Beobachtet auch:

Bei 1 m Simmersfeld;

4—5 m vom Gipfel: Gmünd.

In verschiedenen Höhen desselben Stamms beobachtet: Kapfenburg; Wangen i. Allgäu.

In allen Höhen beobachtet: Calmbach, Schwann; Rosenfeld.

Auch bei 20 m und mehr: Simmersfeld.

Zu Frage 10:

10 Jahre: Herrenalb, Langenbrand;

15 - Sittenhart; Wildbad;

12—15 Jahre: Hirsau;

15—20 - Abtsgmünd; Mönchsberg;

20 Jahre: Wiernsheim; Liebenzell, Schwann; Welzheim; Weissenau; Nagold;

20—25 Jahre: Calmbach;

25 Jahre: Altensteig;

20—30 Jahre: Ellwangen; Göppingen; Rosenfeld;

25—30 - Leonberg; Sulz, Horb, Alpirsbach, Dunningen;

20—40 - Schorndorf;

30 Jahre: Simmersfeld; Gschwend, Sulzbach, Murrhart; Adelberg[1]).

30—35 Jahre: Wangen i. Allgäu;

40 Jahre: Kapfenburg; Bettenreute;

---

[1]) Am 4. April 1894 fand ich im Forstgarten Dunkelschlägle des hiesigen Reviers eine 18 cm hohe, 4jährige Weisstanne mit stark entwickelter einjähriger Schaftbeule (die also noch keinen Hexenbesen trug). Die Rindendicke an dem 4 mm starken Schaft war am gesunden Theil $^1/_2$ mm, an der Krebsbeule $2\,^3/_4$ mm.

40—50 Jahre: Gmünd;
40—60 - Hohenberg.

Ausserdem bei 4—5jährigen Pflanzen in Forstgärten vorgekommen: Ellwangen.

Zu Frage 11:

10 Jahre: Herrenalb, Langenbrand, Schwann; Welzheim;
10—15 Jahre: Hohenberg; Nagold;
12—15 - Liebenzell, Hirsau;
15 Jahre: Sittenhart; Wiernsheim; Wildbad;
15—20 Jahre: Altensteig; Abtsgmünd; Mönchsberg, Murrhart;
20 Jahre: Kapfenburg; Gschwend; Göppingen;
20—25 Jahre: Leonberg; Calmbach;
20—30 - Ellwangen (ausserdem im Forstgarten); Rosenfeld;
25—30 - Sulz, Horb, Alpirsbach, Dunningen;
30 Jahre: Simmersfeld; Sulzbach;
30—50 Jahre: Gmünd;
40 Jahre: Bettenreute;
60—80 Jahre: Adelberg[1]); Weissenau.

Zu Frage 12:

Eine Verbreitung ist (anscheinend) nicht zu bemerken, somit Beschränkung auf die befallenen Bäume anzunehmen: Reviere Altensteig, Simmersfeld; Ellwangen, Abtsgmünd; Gschwend, Mönchsberg, Sulzbach; Göppingen; Leonberg; Calmbach, Langenbrand, Schwann, Wildbad; Murrhart; Welzheim, Adelberg; Sulz; Wangen i. Allgäu, Weissenau; Nagold.

Eine Verbreitung wird angenommen: Reviere Kapfenburg; Sittenhart; Wiernsheim; Herrenalb; Schorndorf; Rosenfeld; Hirsau.

Verbreitung beim Krebs angenommen, nicht aber beim Hexenbesen: Liebenzell.

Zu wenig beobachtet, um ein Urtheil abgeben zu können: Hohenberg, Bettenreute.

---

[1]) Hexenbesen sind im Revier Adelberg schon an den jüngsten Altersklassen zu beobachten, an verschulten Tannen in den Forstgärten bis jetzt nicht gefunden, aber sicherlich noch nachzuweisen, wenn auch als Seltenheit. Im Mai 1892 fand ich einen 2jährigen Hexenbesen an einer verschulten 5jährigen Tanne bei Schnaitheim, in einem Forstgarten des Reviers Heidenheim

Zu Frage 13:

Krebsstämme gleichmässig verbreitet: Ellwangen, Abtsgmünd, Hohenberg, Kapfenburg; Gschwend, Sulzbach; Calmbach, Liebenzell; Murrhart; Schorndorf, Welzheim; Sulz, Horb, Dunningen, Alpirsbach; Bettenreute.

Gruppenweise oder gruppenweise stärker auftretend: Göppingen; Leonberg; Herrenalb.

Meist gleichmässig, aber auch gruppenweise auftretend: Mönchsberg, Sittenhart; Wiernsheim; Schwann, Wildbad; Adelberg, Gmünd; Rosenfeld; Hirsau, Nagold.

Ebenso, ausserdem oft mehrere Krebse an einem Stamm beobachtet: Altensteig.

An einzelnen Bestandsstellen häufiger, wenn auch nicht regelmässig gruppenweise auftretend: Simmersfeld.

Zerstreut, aber nicht gleichmässig: Langenbrand; Wangen i. Allgäu, Weissenau.

Zu Frage 14:

Gleichmässig im Bestand zerstreut: Altensteig; Gschwend, Sulzbach; Göppingen; Leonberg, Wiernsheim; Schwann, Wildbad; Murrhart; Schorndorf; Rosenfeld, Sulz, Horb, Alpirsbach, Dunningen; Bettenreute.

Mitten im Bestand: Ellwangen (an Träufen selten, an Wegen mehr).

An Waldsäumen, Wegen: Hohenberg; Gmünd.

Gleichmässig im Bestand, wie an Träufen: Abtsgmünd, Kapfenburg; Calmbach, Herrenalb, Langenbrand; Liebenzell; Adelberg; Weissenau; Hirsau, Nagold.

Hexenbesen mehr an Waldsäumen, Krebse hier und im geschlossenen Bestand gleich viel: Simmersfeld, Welzheim.

Ueberall vorkommend, doch mehr an Nord- und Nordwestseiten: Mönchsberg.

Ueberall vorkommend, feuchte und windstille Orte bevorzugend: Sittenhart.

An lichteren Stellen und in südlichen Lagen häufiger: Wangen i. Allgäu.

Zu Ziffer 15 (Besondere Bemerkungen):

Revieramt (R.A.) Altensteig: Ansiedlung der Hexenbesen am Stamm in der Regel auf der SW-, W- und NW-Seite.

R.A. Simmersfeld: Auf den besten Böden und in nördlicher, nordöstlicher Lage weitaus die meisten Krebse, in der Ebene weniger. Hexenbesen in ungünstigeren Lagen häufiger.

Forstamt (F.A.) Hall: Feuchte, luftstockige Orte (Einschläge und Hänge) besonders mit Krebsbäumen besetzt.

R.A. Geislingen[1]): Krebs mehr auf der Ebene als an Hängen und häufiger an steinigen Hängen. Digitalis purpurea als Wirthspflanze verdächtigt.

F.A. Neuenbürg betont die Verbreitung auf allen Standorten, auch den entgegengesetzten, jedoch überall mit Abwechslung.

R.A. Langenbrand: Ebenso, jedoch grössere Häufigkeit des Krebses auf mageren, steinrauen Böden betont.

R.A. Göppingen: Krebse meist auf den besseren Böden, an nördlich und östlich geneigten, auch ebenen Lagen, am wenigsten auf südlichen Lagen und trockenen Standorten. Hexenbesen auf jüngeren Tannen mehr beobachtet als auf älteren.

F.A. Schorndorf: Es lassen sich keine bestimmten Regeln über das Auftreten festsetzen.

R.A. Rosenfeld: Krebs und Hexenbesen häufiger in tief gelegenen, feuchten und Frostlagen und auf gutem Boden. Häufiges Dürrwerden von unten herauf.

R.A. Sulz: Krebs am häufigsten auf nassem Untergrund und muldenförmigen Einschlägen der Lettenkohlenhochebene (bis zu $^1/_3$ der Stämme). In trockenen Lagen, namentlich südlichen Hängen, ganz verschwindend.

R.A. Bettenreute: Verletzungen durch Aufsitzen grösserer Vögel (Knickungen des Mitteltriebs, Austreiben schlafender Augen) an Krebs und Hexenbesen schuld.

R.A. Wangen i. Allgäu: Krebs auf tiefgründigen, besseren Böden nicht so häufig als auf flachgründigen; auf ersteren bleibt das Krebsholz hart, auf letzteren verfault es häufig.

R.A. Hirsau: „In Jungwüchsen tritt der Astkrebs häufig auf und ist hier fast regelmässig mit Hexenbesen verbunden. Es scheint dies die Brutstätte zu sein.“

---

[1]) Im Revier Geislingen stehen nur ganz vereinzelte Tannen. Der jetzige Oberförster von Geislingen war aber früher eine Reihe von Jahren in Langenbrand und hat seine dortigen Beobachtungen mitgetheilt, die zu den gründlichsten gehören.

Als Gesammtergebniss darf wohl zusammengefasst werden, was folgt: Die Weisstanne ist ausser den Gebieten, auf welche sich die Arbeiten der Forstlichen Versuchsanstalt erstreckten, noch in einer grossen Anzahl von Revieren in reinen und gemischten Beständen (zum Theil auf sehr bedeutenden Flächen)[1]) vertreten. §. 44.

Der Weisstannenkrebs ist ohne beachtenswerthe Ausnahme überall beobachtet, wo die Tanne auftritt. Die Angaben über die Häufigkeit dieser Krankheit sind ausserordentlich schwankende, was wohl darauf zurückzuführen ist, dass nirgends genauere Erhebungen durch Stammzahlaufnahmen in grösserem Maassstabe und unter Vergleichung der verschiedenen Bestandsverhältnisse stattfanden. Jedenfalls ist aber so viel sicher, dass auch ausserhalb der Versuchsflächen die Krebskrankheit in Tannenbeständen eine hervorragende Rolle spielt.

Hexenbesen sind mit derselben Regelmässigkeit überall beobachtet, wo die Weisstanne vorkommt; da dieselben aber, weil hauptsächlich in den Baumkronen auftretend und verhältnissmässig klein, viel schwieriger zu beobachten sind, als die Krebsbeulen der Stämme, und namentlich auch meist eine kurze Lebensdauer besitzen, so ist es leicht erklärlich, dass zum Theil angenommen wird, die Hexenbesen seien seltener, als die Krebsbeulen, d. h. hier die Stammkrebse. Erinnert man sich jedoch, dass jeder Hexenbesen eine Krebsbeule besitzt, aber nur ein kleiner Theil aller Krebsbeulen sich ursprünglich oder durch Einwachsen von Aesten am Baumschaft befindet, so erhellt hieraus alsbald, dass die Zahl der Hexenbesen ein Vielfaches von der der Stammkrebse betragen muss. Blos der Umstand, dass 1—3 jährige, namentlich nicht in freiem Lichtgenuss stehende, Hexenbesen oft nur von einem ganz eingeübten Auge aus einiger Nähe zu erkennen sind und wenige Hexenbesen älter als 8 Jahre werden, erschwert die richtige Beurtheilung. Bei einem Gang durch eine grössere Kultur oder Tannenverjüngung wird sich indess alsbald bestätigen, dass einfache Asthexenbesen mit wenig entwickelter, erst aus nächster Nähe sichtbarer Beule sehr viel häufiger sind, als Schaftbeulen,

---

[1]) In Württemberg erscheint die Tanne (Forstliche Verhältnisse Württembergs, Seite 178) in reinem Bestand auf 16722 ha (= 9,1 % der Staatswaldfläche), mit der Fichte gemischt auf 26272 ha (= 14,3 %).

von denen über kurz oder lang der Hexenbesen verschwindet und nur die immer stärker anschwellende Beule zurückbleibt.

20 Revierämter nehmen an, dass der Krebs in reinen Beständen häufiger sei, als in gemischten; 8 dagegen glauben, dass er in beiderlei Beständen gleich häufig vorkomme. Ein zuverlässiges Urtheil hierüber kann sich bloss auf Verhältnisszahlen an der Hand wirklicher Aufnahmen gründen; es ist aber sehr zu bezweifeln, ob solche nur auch von einem jener 20 Revierämter wirklich berechnet wurden. Für das Revier Adelberg kann ich versichern, dass der Krebs in gemischten Beständen erschreckend häufig vorkommt. So liess ich im Herbst 1892 aus der 17,8 ha grossen Abtheilung Stöckwies, welche zu $^7/_{10}$ mit durchschnittlich 45jährigen Weisstannen bestockt ist, 1942 Krebsstämme heraushauen, also 109 Stück auf 1 ha Gesammtbestand oder 151 Stück auf 1 ha reinen Tannenbestandes; in der 9,6 ha grossen Abtheilung Heimbach, welche zu 0,4 aus Fichten, 0,2 Buchen und Eichen und 0,4 Tannen besteht, 215 Stück, also 22 Stück auf 1 ha gemischten, oder 56 Krebsstämme auf 1 ha reinen Tannenbestandes. Weitere Angaben siehe am Schluss dieser Schrift! Es ist oft höchst auffallend, wie ganz vereinzelte Tannen, welche als rari nantes in sehr grossen Horsten beliebiger anderer Holzarten vorkommen, ungemein häufig den Stammkrebs aufweisen. Bei Versuchsflächen stellt sich das Verhältniss folgendermassen: auf den 16 Flächen, wo die Beimischung fremder Holzarten — meist Fichten — über 4 und bis zu 17 % (nur in einem vereinzelten Fall 41), im Durchschnitt 10,9 % beträgt, ist die Zahl der Krebsstämme auf 1 ha im Durchschnitt 79 = 8,8 % der Stammzahl; auf den 22 Flächen dagegen, wo die beigemischten Holzarten unter 4 % der Stammzahl ausmachen, die somit als fast reine Tannenbestände angesehen werden können, sind auf 1 ha im Durchschnitt 90 Krebsstämme = 7,1 % der Stammzahl vorhanden. Der Unterschied der Krebshäufigkeit zwischen fast reinen und (schwach) gemischten Tannenbeständen ist also ein augenscheinlich sehr geringer. Was auf der einen Seite mehr an Zahl der Krebsstämme auf 1 ha vorhanden ist, wird auf der anderen durch den grösseren procentischen Antheil derselben an der Gesammtstammzahl des Tannenbestandes wieder aufgewogen. Ein sicheres Urtheil lässt sich in diesem Falle auf Grund der Ergebnisse der Tannenversuchsflächen nicht bilden. Ein solches würde

sich erst finden, wenn auch Versuchsflächen anderer Holzarten, namentlich Fichten, in welchen die Tanne mehr oder weniger stark beigemischt ist, in der fraglichen Richtung näher untersucht wären, d. h. wenn hier die Zahl der Krebsstämme mit der aller Tannen zusammen verglichen werden könnte. Dies ist bislang nicht der Fall. Nach den ungemein zahlreichen Beobachtungen, die ich ohne Stammabzählung in den verschiedensten Gegenden innerhalb und ausserhalb Württembergs anstellte, würde auch bei genauerer Untersuchung ein wesentlich günstigeres Ergebniss für Tannen in Mischbeständen nicht herauskommen.

Was die Häufigkeit des Hexenbesens in reinen Beständen im Vergleich zu derjenigen in gemischten Waldungen anlangt, so ergab die Umfrage geringe Unterschiede. Die Mehrzahl der Revierämter nahm an, dass die Hexenbesen in gemischten Beständen gleich häufig seien, wie in reinen. Eine zuverlässige Untersuchung wäre mit Ausnahme ganz junger Bestände besonders schwierig. Nach meinen unzähligen Beobachtungen über diesen Punkt kann ich jedenfalls versichern, dass Hexenbesen in gemischten Beständen nicht merklich weniger zu finden sind als in reinen. Ja ich war oft erstaunt über die Häufigkeit von, wenn auch ganz verkümmerten, Hexenbesen auf vollständig verbutteten Tannen, die, weit ab von Wegen und Bestandsrändern, vielmehr mitten im Bestand seit vielen Jahrzehnten vollständig unter einem dichten Schirm von Buchen und Fichten standen.

Ueber die am häufigsten vorkommenden Höhen der Stammkrebse über dem Boden war eine sehr verschiedene Beantwortung vorauszusehen, je nach dem Bestandsalter, in welchem die Tanne im betreffenden Reviere vertreten ist. Aber auch beim Auftreten in ausgedehnten Tannenbeständen lautet die Antwort so verschieden, dass der grösste Spielraum vorhanden ist. Eine wirkliche Auszählung scheint nur das Revieramt Langenbrand vorgenommen zu haben.

Im Allgemeinen lässt sich als bestimmt annehmen, dass die mittlere Krebshöhe mit dem Alter und der Bestandshöhe bis zu einer unerheblichen Obergrenze zunimmt und dass Stammkrebse in der Baumkrone haubarer Tannen nicht häufig sind. Es wurde ja auch auf den mitgetheilten 4 über 100jährigen Versuchsbeständen die mittlere Krebshöhe zu beiläufig 7 m (bei 178 Stämmen) von mir gefunden.

Was das Alter der jüngsten Bäume anlangt, welche den Stammkrebs aufweisen, und derjenigen, welche nur Hexenbesen besitzen, so haben die Revierämter das der ersteren zu durchschnittlich 25,5 Jahren angegeben, das der letzteren zu 26,4. Es muss dem aber entgegengehalten werden, dass hier in Revieren mit reichlicherem Vorkommen der Tanne zum Theil offenbar eine mangelhafte Beobachtung zu Grunde liegt. Wenn z. B. für das Revier Adelberg im Jahre 1880 angegeben wird, die jüngsten Bäume mit beginnendem Krebs seien 30, die mit Hexenbesen 60—80 Jahre alt, so ist dies thatsächlich ganz unrichtig; die Verhältnisse lagen 1880 gewiss nicht anders, als sie jetzt sind. Ich fand Stammkrebse in Menge bei 20—30jährigen Tannen, Astkrebse noch viel häufiger schon bei wesentlich jüngeren. Ueberhaupt muss, wenn man sich die Entstehung einer ausserordentlich grossen Zahl von Schaftkrebsen in Folge des Einwachsens von Astbeulen durch das Dickenwachsthum der Stämme vergegenwärtigt, jenes angebliche Verhältniss gerade umgekehrt werden: Ast-Hexenbesen finden sich sehr häufig schon vom 10jährigen Alter ab, manchmal in noch grösserer Jugend, Stammbeulen werden erst 5—10 Jahre später angetroffen. Ein Beginn erst mit 60 bis 80jährigem Alter ist vollständig widerlegt.

Die Verbreitung der Krankheit von dem befallenen Stamm aus auf seine Nachbarn wird von 7 Revierämtern angenommen, von 20 verneint; eines nimmt die Verbreitung des Krebses an, nicht aber die des Hexenbesens. Hierüber ist zu sagen, dass für die Verbreitung der Schaftkrebse von Stamm zu Stamm keinerlei haltbare Vermuthung vorliegt; einer der Beobachter glaubte deshalb hieran, weil auch in älteren Beständen Anfänge von Stammkrebs vorkommen. Nach den vorliegenden mikroskopischen Untersuchungen ist aber die Uebertragung der Ansteckung von einer Stammbeule auf einen angrenzenden Stamm auf natürlichem Wege ganz undenkbar. Etwas anderes ist es mit der Uebertragung des Hexenbesens von Zweig zu Zweig oder Schaft. Es muss nach allen Beobachtungen der Krankheit und den Erfahrungen an anderen Pilzkrankheiten angenommen werden, dass eine solche Verbreitung der Hexenbesen stattfindet. Hierbei ist freilich nicht gesagt, dass es der nächste oder übernächste Stamm sei, der mittelbar oder unmittelbar angesteckt wird. Bei der Leichtigkeit der

Sporen kann diese Uebertragung auf grosse Strecken hin erfolgen, je nach der Empfänglichkeit der neu betroffenen Pflanzen.

Die Art und Weise der Vertheilung des Krebses auf den Bestand wird von den Revierämtern auf das Verschiedenste beantwortet. Die meisten nehmen eine gleichmässige Vertheilung an, wobei aber ausserdem die Bildung von Gruppen vorkommt. Die letztere ist allerdings häufig, man trifft aber doch selten mehr als 5—6 Stämme, die unmittelbar benachbart sämmtlich den Schaftkrebs aufweisen. Das richtigste Ergebniss vielseitiger Beobachtung wird wohl sein, dass der Schaftkrebs der Weisstanne hinsichtlich seiner Verbreitung keiner ganz bestimmten Regel folgt, dass er theils einzeln, theils gruppenweise, theils an einem und demselben Stamme in verschiedenen Höhen auftritt, aber immerhin ziemlich häufig bis sehr häufig, so dass grössere Bestandsflächen ohne Schaftkrebs eine wirkliche Seltenheit sind. Hierdurch unterscheidet sich der Tannenkrebs von der Mistel (Viscum album). Dieselbe ist in Tannenbeständen zwar auch sehr häufig; Gelegenheit zur Beobachtung einer besonders üppigen Entfaltung bietet der Blick vom alten Schloss in Baden-Baden auf die Kronen der dasselbe umgebenden alten Weisstannen. Ueberhaupt bevorzugt die Mistel (bzw. die sie verbreitende Misteldrossel) die Kronen alter Weisstannen. Auffallend häufig und üppig ist die Mistel z. B. in den Gipfeln der 40 m hohen 250jährigen Tannen im Staatswald Saurain des Reviers Adelberg. Die Verbreitung ist aber eine viel ungleichmässigere, noch weit regellosere, als beim Tannenkrebs. Ich fand die Mistel auf folgenden Versuchsflächen, wobei die angefügten Zahlen die Menge der Mistelstämme auf 1 ha bezeichnen und die Bestände nach dem Alter geordnet sind: Jägersteig (Revier Aalen) 4, Lindenwald (Hohenzollern) Fläche 1: 6, Lindenwald Fläche 4: 12, daselbst Fläche 3: 4, Brunnenwäldle (Herrenalb) Fläche 1: 20, daselbst Fläche 2: 8; Unteres Haidenrückle (Herrenalb) 4, Herrenhau (Hohenzollern) 25, Seewald (daselbst) 36, Weidenfelder Wald (Aalen) 76, Eckwald (Hohenzollern) 10, Brenntenbuck (Aalen) 68, Steine, Fläche 1 (Aalen) 9. Von diesen 13 Flächen liegen 9 auf braunem und weissem Jura, 3 auf Buntsandstein.

Eine Verwechslung von Krebs- und von Mistelstellen auch in grösseren Schafthöhen ist kaum möglich, da der Krebs kugelähnliche Anschwellungen veranlasst, die Mistel dagegen kegelförmige, meist wie in nachstehender Zeichnung, Fig. 4 und 5, aus Eckwald in Hohenzollern. Ausserdem ist es Regel, dass der Stamm von der Mistelstelle abwärts sehr stark, oft bis zu seinem doppelten Durchmesser, übrigens gleichmässig, verdickt ist, was beim Krebs nicht zutrifft. Endlich erscheint der Krebs mehr in der unteren Hälfte des Schafts, die Mistel mehr in der oberen.

Ueber die Frage, ob der Stammkrebs mehr an Bestandsrändern und Wegen oder im Innern der Bestände, oder beiderseits gleich häufig auftrete, geben die Umfragen fast einstimmigen Bescheid darüber, dass von einer grösseren Häufigkeit des Stammkrebses an Wegen und Bestandsrändern keine Rede ist. Dies muss auch aus meinen Aufnahmen für die forstliche Versuchsanstalt auf's Bestimmteste geschlossen werden, während nach den Weise'schen Annahmen alle Hexenbesen, so auch die am Schaft und damit der spätere Stammkrebs an den Träufen häufiger sein müssten als im Bestand. Anderweitige Angaben, wie z. B. „feuchte und stille Orte oder südliche und lichtere Lagen bevorzugend“ und dergl., haben sich nicht als allgemeine Regel bestätigt, bezeugen vielmehr nur die grosse Vielseitigkeit im Auftreten des Stammkrebses.

Fig. 4.

Mistelstelle an einer Tanne im Eckwald 3 m über dem Boden.

Fig. 5.

Mistelstelle an einer Tanne im Eckwald 4 m über dem Boden.

Unter den besonderen Bemerkungen der berichtenden Aemter ist die ganz allgemeine des Forstamts Neuenbürg wohl die zutreffendste, wonach der Krebs auf allen Standorten, auch den entgegengesetzten, verbreitet ist, aber überall mit Abwechslung. Die eine Beobachtung scheint sich allerdings zu bestätigen, wonach in südlichen Lagen der Krebs weniger häufig auftritt, als in nördlichen und an dieselben angrenzenden. Weitergehende Mittheilungen einzelner Beobachter bestätigen sich nicht allgemein, werden vielmehr durch entgegengesetzte Wahrnehmungen von anderer Seite geradezu widerlegt.

Die Vergleichung der Ergebnisse der Krebsaufnahmen auf den Versuchsflächen und der Angaben der Revier- und Forstämter hat folgendes Gesammtergebniss: §. 45.

I. Der Weisstannenkrebs ist überall beobachtet, wo die Tanne in reinen Beständen oder eingemischt, oder einzeln auftritt, ebenso der Hexenbesen.

II. Die Häufigkeit des Krebses ist in reinen wie gemischten Beständen ohne Unterschied eine ungemein grosse und zugleich die Verbreitung, wenn auch mit starken Schwankungen, eine so hartnäckige, dass kaum 1 ha reinen oder gemischten Tannenbestandes angetroffen werden kann, wo nicht Dutzende von Krebsen zu finden wären. Bei der geringen Lebensdauer und der Unscheinbarkeit der meisten Hexenbesen macht es allerdings oft den Eindruck, als ob dieselben gegenüber dem zählebigen Stammkrebs in der Minderzahl wären. Nähere Beobachtung zeigt jedoch das sehr scharf ausgeprägte Gegentheil, das freilich Vielen zu entgehen pflegt.

III. Während der Hexenbesen nur die Verbreitung der Krebskrankheit besorgt und, nebst seiner Beule, soweit er nur auf Zweigen in hinreichender Entfernung vom Schaft sitzt, harmlos ist, hat die am Stamm entstandene oder in denselben einwachsende Krebsbeule die grösste Bedeutung durch die Nachtheile, welche sie in waldbaulicher Hinsicht, wie für die Brauchbarkeit des Stammes zur Folge hat.

IV. Hexenbesen und Stammkrebs zeigen sich schon im jugendlichsten Alter, ja bis zu den Pflanzen im Forstgarten herunter und andererseits bis zu den höchsten Bestandsaltern. Die mit dem Schaftkrebs behafteten Stämme sind durchschnittlich um mehrere cm stärker als die gesunden; es scheinen daher kräftiger entwickelte oder vorwüchsige Stämme der Ansteckung besonders ausgesetzt zu sein.

V. Der Stammkrebs tritt in $^1/_6$—$^1/_3$ der Scheitelhöhe, also im werthvollsten Theil des Stammes am häufigsten auf. Hierin, sowie in seiner grossen Häufigkeit und in dem Umstand, dass gerade die stärkeren Stämme des Bestandes hauptsächlich von ihm ergriffen sind, liegt der Grund dafür, dass bei der Bewirthschaftung der

Tanne der Krebs eine durchaus massgebende Rolle spielt. Dies ist um so mehr der Fall, als der wirkliche Zustand der Zersetzung des Holzes durch den Krebs und seine Folgen oft sehr schwer zu erkennen ist und das Uebel an dem einmal ergriffenen Stamm langsam, aber sicher fortschreitet, so dass jeder Stammkrebs als verdächtig bezeichnet werden muss.

VI. Ueber den Einfluss des Standorts auf den Krebs kann ein endgültiges Urtheil noch nicht abgegeben werden, da oft gerade entgegengesetzte Ansichten sich geltend machen und die Aufnahmen auf den 38 Versuchsflächen noch nicht zahlreich genug sind, um jeden Zweifel zu beseitigen. Wahrscheinlich ist aber, dass der Stammkrebs auf den besseren Böden und in nordwestlicher Lage häufiger ist als bei den übrigen Standorten.

VII. Auf allen Standorten ist der Krebs im Innern der Bestände gleich häufig, wie an den Bestandsrändern. Die Vertheilung der Krebsstämme ist eine höchst mannigfaltige. Dieselben stehen einzeln, zu zweien, in kleineren oder grösseren Gruppen ohne jegliche Regelmässigkeit. Stämme mit 2 Schaftkrebsen sind äusserst häufig, solche mit dreien nicht gerade selten, 4 sind schon eine grosse Ausnahme; es sind aber schon 7 Schaftkrebse an einem Stamm beobachtet worden.

Fig. 6.

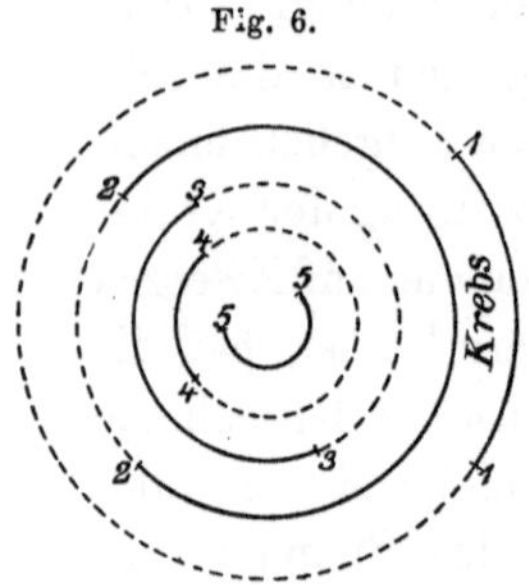

Die nebenstehende Figur zeigt einen Fall, wo ein haubarer Stamm im Staatswald Baumweg des Reviers Herrenalb 5 mehr oder weniger entwickelte (offenbar z. Th. von Aesten her eingewachsene) Schaftkrebse aufweist. Die mit dem Baumhöhenmesser ermittelte Höhe über dem Boden beträgt beim untersten (No. 1) 2,6 m, beim zweiten (No. 2) 9,0 m, dann 11,5, 14,3 und beim höchsten 15,4 m. Der Umfassungsgrad der einzelnen Schaftkrebse ist durch die vorstehende Figur 6 angedeutet, in der die ausgezogenen Linien die vom Stammkrebs erfassten, die punktirten die krebsfreien Theile des Stammumfangs in obigen Höhen über dem Boden andeuten.

Dritter Abschnitt.

Die Bekämpfung des Weisstannenkrebses.

Nachdem im vorigen Abschnitt nachgewiesen wurde, dass der Weisstannenkrebs, weit entfernt davon, nur eine botanische Merkwürdigkeit zu sein, vielmehr eine beherrschende Stellung in der ganzen Weisstannenwirthschaft einnimmt, erscheint es angezeigt, nun auch die Mittel zur wirksamen Bekämpfung dieser gefährlichen Krankheit mitzutheilen. §. 46.

Es hat bei der Bedeutung derselben für die Wirthschaft selbstverständlich nicht an Vorschlägen gefehlt, diesem schweren Uebel entgegenzutreten. Betrachten wir dieselben nach ihrer zeitlichen Aufeinanderfolge.

Kurz nachdem de Bary das Wesen des Weisstannenkrebses — im Gegensatz zu Ratzeburg — 1866 richtig erkannt hatte, empfahl Gerwig[1]) als einzige Vertilgungsmassregel möglichste Ausrottung der noch nicht todten Hexenbesen. Später (a. a. O. S. 90) stellt Gerwig übrigens noch die Regel auf, „gleich bei den ersten Durchforstungen die vom Krebse befallenen, selbst dominirenden Stämme auszuhauen und zur Erhaltung des Bestandsschlusses dafür nebenanstehende, sonst der Durchforstung verfallene Stämme stehen zu lassen“.

Hess bezeichnete in der 1. Auflage seines Forstschutzes S. 497 im Jahre 1878 als Begegnungsmittel: „Aushieb der mit Hexenbesen und Krebs behafteten Stämme bei den Durchforstungen“.

Dressler[2]) theilt mit, dass „er in seinem Revier den Hexen-

---

[1]) Die Weisstanne im Schwarzwalde (Berlin, Springer 1868) S. 46.

[2]) Die Weisstanne, Abies pectinata, auf dem Vogesensandstein. Strassburg 1880. S. 39.

besen den Krieg erklärt habe, in den Verjüngungen jährlich Tausende vernichte und bei den Hauungen die damit befallenen Stämme zum Hieb ziehe und dadurch hoffe, dem schon stark eingerissenen Uebel allmählich Einhalt zu thun".

Bei den Verhandlungen des badischen Forstvereins zu Emmendingen im September 1882 wurde die Frage behandelt: „Ist der Weisstannenkrebs in allen Tannenwaldungen des Schwarzwalds verbreitet und eine Zunahme desselben wahrnehmbar? Welche Mittel und Wege vermögen seiner stärkeren Verbreitung oder wenigstens den Wuchs- und Werthsminderungen der befallenen Bestände entgegenzuwirken?"[1]). Der damalige Oberförster (spätere Forstrath in Karlsruhe) Schweickhart in Gengenbach äussert sich hierüber als Berichterstatter a. a. O. S. 162 folgendermaassen:

„Es liegt bei Weitem nicht in unserer Macht, den Krebs ganz wegzubringen, aber wir wollen und können ihn auch auf ein möglichst unschädliches Maass zurückdrängen. Die Hauptmittel, die uns hierzu zu Gebote stehen, sind nach meiner Ansicht folgende: 1. Die Erziehung gemischter Bestände. 2. Die Beseitigung der Hexenbesen. 3. Die Handhabung eines wirthschaftlichen Betriebs, der den rechtzeitigen Aushieb des Krebsholzes gestattet[2])."

Schweickhart nimmt an (a. a. O. S. 163), dass der rechtzeitige Aushieb des Krebsholzes nur bei geregeltem Femelschlagbetrieb möglich sei; er empfiehlt: Aushieb der Krebsstämme vor Ausführung der Durchforstungen, Vermeidung grösserer Lücken ohne Aengstlichkeit vor kleineren. In älteren Beständen mit viel Krebsholz soll nichts übrig bleiben als baldige Verjüngung. Zuerst Entnahme der am meisten geschädigten Stämme; Lücken nur nicht so gross, dass der Boden verwildert (Brombeeren, Stechpalmen!); Maasshalten mit den Krebsaushieben, da sonst eine allzugrosse Fläche in Verjüngung gebracht werden könnte.

„Abgesehen von der Stellung des Holzbestandes, auf welche Bedacht zu nehmen ist, ist es Regel, zum Waldhammer zu greifen, wenn der Krebs umläufig ist, beim einseitigen Krebs, wenn er gross oder eingefurcht ist und die Stammform verunstaltet, wenn der Krebs krank, oder gar mit

---

[1]) Baur'sche Zeitschrift 1885 S. 155 ff.

[2]) Auf Irrthum beruhen, wie früher nachgewiesen, die beiden Angaben Schweickhart's: Es sei bei Beseitigung der Hexenbesen zu beachten, dass die Frucht gegen Ende August reife, also vor dieser Zeit gehandelt werden müsse; ferner: da das Mycel durch den Zweig in den Stamm zurückwachsen könne, so werde es gut sein, die befallenen Zweige glatt am Stamm abzunehmen.

dem Schwamm[1]), dem untrüglichen Zeichen der Fäulniss, besetzt ist; ferner wenn er am unteren oder mittleren Theil des Stammes auftritt, weil er dann den werthvollsten Theil verdirbt und erfahrungsmässig die unteren Krebse viel raschere Fäulniss des Stammes nach sich ziehen als diejenigen, welche in den Kronen oder deren Nähe sich befinden. Prüfung jedes einzelnen Falles nothwendig."

Die 32. Versammlung des badischen Forstvereins zu Wolfach am 28.—30. September 1884 beschäftigte sich schon wieder mit dem Weisstannenkrebs. Der erste Berathungsgegenstand lautete[2]): „Welche Eigenthümlichkeiten bietet die im Kinzigthal übliche femelweise Behandlung der Weisstannenwaldungen? Hat das Vorkommen des Weisstannenkrebses einen Einfluss auf diese Wirthschaftsform und worin besteht derselbe?" Der Berichterstatter, Oberförster Schäzle, führte aus, dass bei sämmtlichen Hieben in Beständen jeden Alters in erster Linie die Krebsstämme ausgehauen werden, wobei die zum Hauptbestand gehörenden befallenen Stämme immer zuerst zur Fällung kommen. In jedem Fall entstehen Lücken; in jungen Beständen findet aber durch dieselben eine Wachsthumsförderung statt; auf den grösseren Lücken in den 60—80jährigen Beständen erscheinen da und dort junge Pflanzen; diesen schenkt man keine besondere Aufmerksamkeit; man sucht sie aber auch nicht zu verdrängen. In den 80—90jährigen Beständen sind diese Lückenpflanzen erwünscht; Verjüngung durch sehr scharfe Durchforstung ohnedies eingeleitet. Von jetzt an alle 10 Jahre ein Hieb. Entfernung der letzten Stämme nach 40—50 Jahren.

Auch Schäzle nimmt an, dass durch die Aufstellung und Durchführung des Grundsatzes, alle vom Krebs befallenen Stämme in den Beständen der verschiedensten Alter auszuhauen, die femelweise Behandlung der Weisstannenwaldungen bedingt sei. „Denn da Stämme in grosser Zahl in jüngeren und älteren Beständen vom Krebs befallen werden, so entstehen durch den Aushieb der krebsschädigen Stämme Lücken und ungleichförmige, ungleichaltrige Bestände, und nimmt man, so oft wieder Stämme vom Krebs befallen sind, diese wieder weg, so wird man eben auf den Femelbetrieb hingeführt."

---

[1]) Mit dem Schwamm sind hier jedenfalls die Fruchtträger von Polyporus fulvus gemeint.

[2]) Versammlungsbericht von 1885 S. 6 ff.

Es wurde schon früher hervorgehoben, dass Forstrath Schweickhart auf der Wolfacher Versammlung (a. a. O. S. 50) auf Entstehung des Stammkrebses durch Einwachsen von Astkrebsen als gewöhnliche Entstehungsart besonders hinwies.

Lürssen bespricht 1885 auf S. 245—248 seiner Grundzüge der Botanik die Ordnung der Aecidiomyceten, kommt aber auf Aecidium elatinum nicht besonders zu sprechen und giebt deshalb auch keine bezüglichen Vorbeugungsmassregeln an.

Die 12. Versammlung des elsass-lothringischen Forstvereins in Kaisersberg vom 5. bis 7. Juni 1887 hat sich wiederum mit der Krebsfrage beschäftigt, allerdings nur anlässlich der Besprechung der „interessanten Mittheilungen". Forstmeister Koch stellte hierbei unter Vertretung der de Bary'schen Ansicht, dass die Keimung des Krebspilzes bzw. seiner Zwischenform nur an den Nadeln stattfinden könne, folgende Regeln auf:

„1. Eine Verbreitung des Krebses (des alten abgestorbenen Hexenbesens) von alten Stämmen auf die Rinde alter Stämme findet nicht statt.

2. Die Sporen der lebenden Hexenbesen inficiren die gesunden Nadeln der Tanne und die Rinde derselben nicht. Es braucht daher

3. eine kostspielige Entfernung alter Krebsbäume und der lebenden Hexenbesen aus Besorgniss vor einer Weiterverbreitung dieser Baumkrankheit nicht stattzufinden."

Nach dem bisher Mitgetheilten ist es einleuchtend, dass die Ziffer 3 der Koch'schen Aufstellungen lebhaftem Widerspruch begegnete, namentlich auch soweit damit vom Aushieb der Krebsstämme überhaupt abgerathen zu werden schien.

Das Lorey'sche Handbuch der Forstwissenschaft beschränkt sich in der Hauptsache darauf, über den Weisstannenkrebs kurz zu berichten, zuerst Lürssen in Band I 1. Abtheilung S. 374, dann Lorey daselbst in seiner Abhandlung über den Waldbau S. 593. Derselbe bringt unter §. 59 besondere Fälle der Durchforstung: 1. Aushieb von Krebstannen, 2. Durchforstung gemischter Bestände, 3. Ausforstung herrschender Stämme. Nicht ganz zutreffend oder wenigstens ungenau ausgedrückt ist übrigens die Angabe: der Aushieb der Krebstannen werde als „Mittel gegen die Verbreitung dieser Krankheit betrachtet". Weiter unten heisst es dort ferner, der Schutzzweck des gänzlichen Aushiebs der Krebstannen dränge hier die übrigen Rücksichten in den Hintergrund. Thatsächlich geht die Verbreitung der Krankheit ja nur von den Hexenbesen aus, und der Aushieb der Krebstannen hat nicht den Zweck, den übrigen Bestand vor weiteren Ansteckungen (durch die Stammkrebse) zu schützen, sondern an Stelle der befallenen und auszuhauenden krebsbehafteten Stämme andere gesunde einwachsen zu lassen.

Gayer berührt in der 3. Auflage seines Waldbaues wiederholt den Weisstannenkrebs, nämlich S. 57: „Der schlimmste Feind der Tanne ist das den Krebs verursachende Aecidium elatinum, dem man nur dann Abbruch thun kann, wenn man die Hexenbesen vor der Reife der Aecidiensporen zerstört, d. h. alle krebskranken Stämme fortgesetzt entfernt. In überalten Beständen ist auch der Polyporus fulvus viel vertreten[1]). Ferner S. 445/6: Der Vorbereitungshieb im Tannenbestand beschränkt sich nur auf den Aushieb von Krebstannen. Endlich S. 559: Bei der Durchforstung des Tannenbestands Anwendung derselben Grundsätze wie beim Fichtenbestand, jedoch mit der Abänderung, „dass hier schon von Jugend auf ein fortgesetzter energischer Aushieb alter, mit dem Krebs behafteter Individuen die erste Rücksicht erheischt".

v. Tubeuf äussert 1890 die Ansicht[2]), dass gegen den Tannenkrebspilz nur unvollkommen angekämpft werden könne, empfiehlt aber das Ausschneiden der Hexenbesen in Kulturen im Mai und wie Robert Hartig[3]) den Aushieb aller Krebsstämme in Reinigungshieben und Durchforstungen.

Hess bezeichnet in der 2. Auflage seines Forstschutzes 1890[4]) als Begegnungsmittel gegenüber dem Weisstannenkrebs Folgendes:

1. Durchmischung der Weisstannenbestände mit Holzarten, an welchen der Krebs nicht wuchert. 2. Beseitigung der Hexenbesen, welche meist in jüngeren Beständen auftreten, durch Abschneiden oder Absägen der befallenen Aeste glatt am Schaft

---

[1]) Dieser ist schon in Stangenhölzern nicht selten.

[2]) S. 284 des Jahrgangs 1890 der Danckelmann'schen Zeitschrift anlässlich eines Aufsatzes über den auch auf der Tanne vorkommenden Agaricus adiposus.

[3]) R. Hartig, Baumkrankheiten, 2. Aufl. 1889 S. 168.

[4]) Teubner, Leipzig 1890 S. 196. Man beachte den Fortschritt gegenüber der 1. Auflage.

(Juni, Juli). 3. Aushieb der krebskranken Stämme schon bei den Durchforstungen und Vorbereitungshieben und alsbaldige Entfernung aus dem Walde. Selbst dominirende Krebstannen sind zum Hieb zu bringen und müssen an deren Stelle benachbarte gesunde, wenn auch unterdrückte Stämme stehen gelassen werden. Alte Bestände mit vielen Krebsstämmen sind zeitiger, als es sonst geschehen würde, zu verjüngen. Der geregelte Femelbetrieb (im badischen Schwarzwald) erleichtert diese Massregel, welche in der Praxis als die wirksamste gilt.

Forstmeister Koch kommt 1891 im Maiheft der Danckelmann'schen Zeitschrift (S. 263—269) mit einem besonderen Aufsatz auf den Weisstannenkrebs zurück in Ausführungen, die z. Th. Bekanntes wiedergeben, z. Th. auch neben manchen zutreffenden Ausführungen zum Widerspruch herausfordern. Derselbe hat sich seit der Kaisersberger Versammlung eines Besseren belehrt und leitet nun aus seinen Beobachtungen die „bereits von Tubeuf angedeuteten" Wirthschaftsmassregeln gegen den Krebs ab, also namentlich das Ausschneiden von Hexenbesen aus Kulturen. Es mag übrigens Ziffer 3 der Koch'schen Aufstellungen noch angeführt werden. Dieselbe lautet: „In Stangenorten und angehend haubaren Beständen sind die Krebsstämme bei Durchforstungen nur in soweit zu entfernen, als dies ohne Unterbrechung des Schlusses zur Erzielung möglichst krebsreiner Altholzbestände möglich ist, da, wie schon gesagt, eine Weiterverbreitung der Krankheit von nur mit alten Krebsbeulen versehenen Stämmen aus nicht stattfindet.

Oberforstmeister Weise hat sich in seiner ausgezeichneten Abhandlung, auf die wir im ersten Theil öfters Bezug nahmen, in besonderem kleinen Abschnitt mit der „Abwehr gegen Hexenbesen und Krebs" beschäftigt[1]). Der Raum verbietet, die eingehenden Weise'schen Ausführungen wörtlich wiederzugeben. Seine Vorschläge weichen von den bisher mitgetheilten in mehreren Punkten ab und gehen auf Folgendes aus: 1. Reinigungshieb im Juni, bei dem alle Stämmchen zu hauen sind, an welchen der Hexenbesen aus der Stammachse herauswächst, oder die mehr als 2 Hexenbesen tragen; ausserdem Ausschneiden aller erreichbaren Hexenbesen. 2. Erste Durchforstung etwa 10 Jahre nach dem gut voll-

[1]) S. 23 ff. des 1. Hefts der 1892 erschienenen Mündener Forstlichen Hefte.

zogenen Reinigungshieb und Entfernung sämmtlicher Stammkrebse oder Stämme mit neuen Ansteckungen. Erst nach Aushieb des Krebs- und Hexenbesenholzes, sowie etwaiger Aestung stellt man den weiteren Hieb, und zwar bei der ersten, wie allen späteren Durchforstungen. 3. Wiederholung der Durchforstungen spätestens nach 10 Jahren. 4. Besondere Maassregeln beim Verjüngungsgang, nämlich Abbuschen der alten Vorwüchse, möglichste Entfernung derjenigen Stämme, in deren Krone viele Hexenbesen stehen, namentlich der Ueberhälter, Auswahl nur besenfreier Stämme zum Ueberhalt. 5. Herstellung sporenfangender Bestandsränder meist aus Fichten, in zweiter Linie aus Laubholz, aufmerksame Reinigung der Weisstannenränder vom Hexenbesen. 6. Entrindung der Beulen an gefällten Krebsstämmen zur Verminderung der Beschädigungen durch Sesia cefiformis und Pissodes Piceae.

Die letzte Veröffentlichung über Behandlung des Tannenkrebses, die mir zu Gesichte kam, ist enthalten in den 1892 erschienenen „Wirthschaftsregeln für die mit Tannen bestockten oder auf Tanne zu bewirthschaftenden Waldungen der elsass-lothringischen Vogesen und des Jura". Der Wichtigkeit der über die Bekämpfung des Krebses aufgestellten amtlichen Vorschriften halber seien dieselben hier wörtlich wiedergegeben.

§. 29 (letzter) Abs. 6. „Bei diesen Läuterungen (in allen Theilen der Tannenverjüngung, gelegentlich der Schlagpflege) ist ein besonderes Augenmerk auf den rücksichtslosen Aushieb aller von dem Tannenkrebspilz bereits befallenen Individuen und der sog. Hexenbesen zu richten."

§. 30. „Ist der Aushieb schlechter Vor- und Sperrwüchse, sowie der Hexenbesen in bereits geräumten Verjüngungen bisher versäumt worden, so ist derselbe durch alsbald einzulegende Reinigungshiebe nachzuholen.

Ebenso ist, wenn es bei diesen etwa versäumt worden ist, bei den ersten Durchforstungen rücksichtslos gegen schlechte Vorwüchse aller Art, nichts versprechende Stockausschläge, Krebshölzer, Zwieselstämme und Aehnliches vorzugehen."

§. 31. „Bezüglich der vom Krebse befallenen Stämmchen, Stangen und Stämme ist Folgendes zu beachten. In den Schonungen und jüngeren Stangenorten, in welchen durch Aushieb der vom Krebse befallenen Stangen entstehende Lücken sich rasch wieder schliessen, sind diese Stangen rücksichtslos auszuhauen, in jüngeren Schonungen selbst dann, wenn zur Füllung einige Pflanzen einzusetzen wären. In Beständen von etwa 50 bis 60 Jahren aufwärts sind zwar bei den Durchforstungen, wo die Wahl bleibt, in erster Linie die Krebsstämme hinwegzunehmen, aber nur dann, wenn gegründete Hoffnung vorhanden ist, dass sich der Bestand bis zur nächsten Durchforstung wieder vollkommen schliesst. Zu dem Ende ist, wo viel Krebsholz vorhanden ist, das unterständige Material unter denselben durch vorsichtige Lichtungen allmählich zu einem Theile des Hauptbestandes zu erziehen, damit, wenn dieses erreicht ist, die Krebshölzer allmählich entfert werden können.

In Beständen, welche in der Richtung gegen den Wind unmittelbar vor Samen- und Lichtschlägen liegen, ist der Aushieb von Krebsstämmen, welche in den oberen Kronenschluss eingreifen, bei Durchforstungen ganz zu unterlassen, wenn nicht Ersatzstämme im Nebenbestande vorhanden sind, welche die Lücken in wenigen Jahren schliessen.

Krebsstämme, unter welchen solche Ersatzstämme fehlen, haben dort stehen zu bleiben, bis der betreffende Bestandtheil in Samen- und Lichtschlag gestellt wird. Der Aushieb von grünen Krebsstämmen auf dem Wege der sog. Totalitätshiebe[1]) ist den Revierverwaltern untersagt. In grösseren, sonst reinen, Buchenhorsten sind einzelständige Krebstannen auch bei den Durchforstungen mit dem Hiebe zu verschonen, ebenso innerhalb der Tannenregion in Fichtenbeständen, wenn ihnen die Tanne so schwach beigemengt ist, dass alle vorhandenen bei der Verjüngung zur Erziehung einer Tannenbesamung nothwendig sind."

Um Wiederholungen zu vermeiden, wurden nicht die Vorschläge der einzelnen Schriftsteller für sich besprochen, sondern sollen dies sachlich geordnet nunmehr werden.

§. 47. 1. Das Ausschneiden der Hexenbesen ist allseits als ein besonders wichtiges Bekämpfungsmittel empfohlen. Es kann auch kein Zweifel darüber sein, dass hier das Krebsübel an der Wurzel gefasst wird. Der Vorschlag, die Hexenbesen im Mai und Juni auszuschneiden, ehe die Aecidien stäuben, ist gut, aber noch nicht ausreichend. Dieses Ausschneiden muss bei jeder Gelegenheit vorgenommen werden, die sich bietet. Die Forstbediensteten und die Holzhauer müssen darauf verpflichtet werden, jeden irgend erreichbaren Hexenbesen mit allen augenblicklich vorhandenen Hilfsmitteln unschädlich zu machen, d. h. einfach sammt der Krebsbeule abzuschneiden[2]). Sobald der Tannenvorwuchs sich in grösseren Horsten geschlossen hat, ist es meist schwer, nur auch eine

---

[1]) Nach §. 35 der „Wirthschaftsregeln": Windfälle, Wind-, Schnee-, Eis- u. Duftbrüche, Dürrhölzer u. Borkenkäferhölzer. (In Württemberg heissen derartige Anfälle „Scheidholz".)

[2]) Es ist also nicht erforderlich, den ganzen Ast glatt am Stamm wegzuschneiden, es genügt schon, wenn das Absägen desselben 1 cm hinter dem deutlichen, dem Stamm zugewendeten Ende der Beule oder am Anfang des nächsten Jahrestriebs (in der Richtung gegen den Schaft) geschieht.

beschränkte Anzahl von Hexenbesen zu erhaschen. Wenn die Maitriebe allmählich verholzen und die jungen Nadeln eine dunklere Färbung annehmen, ist der Gegensatz zwischen den hellgrünen Nadeln der Hexenbesen und den dunklen der gesunden Zweige besonders gross und weithin bemerkbar. Dieser Umstand muss zur Bekämpfung des Hexenbesens benutzt werden. Es wäre einseitig, Hexenbesen deshalb stehen zu lassen, weil sie schon verstäubt haben. Als ob sie nicht im folgenden Jahr und späterhin sonst wieder stäuben würden! Bei höher befindlichen Besen lassen sich die mit Stangen versehenen Haken der Leseholzsammler leicht verwenden, die da und dort, fast in jedem Waldtheil zerstreut, wenigstens in der hiesigen Gegend, an den Bäumen bis zum nächsten Gebrauch hängen gelassen werden. Würde für jeden lebenden Hexenbesen sammt Beule aber auch für jede lebende Beule die (noch) keinen Hexenbesen [mehr] trägt, eine kleine Belohnung von $^1/_2$—2 ₰, für grössere Hexenbesen sammt Beule bis zu 5 ₰ gereicht, so käme dies gewiss dem Wald sehr zu Statten und würde keinen allzugrossen Aufwand verursachen, der sich auch nach Bedürfniss einschränken liesse.

2. Der *Aushieb* von solchen *Stämmchen* und Stämmen, die mehr als 2 Hexenbesen tragen, in Reinigungshieben und Durchforstungen, „weil hier irgend ein ungünstiger Umstand im Spiel ist“, ferner die Fällung von Stämmen, die in ihrer Krone eine grössere Anzahl von Hexenbesen beherbergen, und der Ueberhalt unr von solchen Stämmen, die besenfrei sind, stellen zum Theil sehr einschneidende Massregeln dar, deren Begründung wohl manchem Zweifel begegnet und die m. E. in den meisten Fällen als eine zu weitgehende Ausspinnung des an sich trefflichen Grundgedankens in Ziffer 1 anzusehen sind. Ich glaube nicht an ein böses Spiel der Natur, bin vielmehr der Ansicht, dass fast jede haubare Weisstanne im Lauf ihres Lebens einen oder mehrere Hexenbesen bewirthet hat, sei es gleichzeitig oder in verschiedenen Zeiträumen.

3. *Aufastung* stärkerer Tannenpflanzen erscheint wohl angezeigt, wo eine Entfernung des ganzen Stammes nicht geboten ist, sei es, dass Krebsbeulen sich in einer gefährlichen Nähe des Stammes befinden, oder zahlreiche Aeste mit Hexenbesen oder einzelne grosse Hexenbesen ohne unverhältnissmässigen Aufwand sich entfernen lassen.

4. Fällung haubarer Stämme mit einer grösseren Anzahl von Hexenbesen, die durch Aufastung nicht ohne zu grossen Aufwand entfernt werden können, ist nur anzurathen, wenn dieselben zu Beständen gehören, die im Schlag stehen oder angehauen werden sollen. Bei Femelschlagbetrieb mit langer Verjüngungsdauer mögen dieselben fallen, wenn sie für die Verjüngung entbehrlich sind.

§. 48. 5. Die Entfernung von Stämmen, an welchen sich Schaftbeulen befinden (es begründet keinen Unterschied, ob aus diesen Beulen noch lebende oder abgestorbene Hexenbesen entspringen oder nicht), wird nach Alter und Verjüngungsart der Bestände verschieden beurtheilt.

a) Es wird vorgeschlagen, sämmtliche Krebsstämme zur Fällung zu bringen, ohne Unterschied des Alters und Bestandes. Dies ist nur beim Femelbetrieb oder beim Femelschlagbetrieb mit langer Verjüngungsdauer möglich, sobald es sich um ältere Stangenorte, angehend haubare oder hiebsreife Hölzer handelt. In Jungbeständen, wo auch bei der Entnahme herrschender Stämme baldiger Schluss wieder eintritt, wird selbst von Anhängern des Kahlschlags oder des Femelschlagbetriebs mit kurzer Verjüngungszeit allmählich kein grundsätzlicher Einwand mehr gegen rücksichtslosen Aushieb der Krebsstämme gemacht. An der Durchführung dieses Auszugs der Krebsstämme aus jungen Hölzern fehlt es freilich da und dort noch sehr, meist weil die Gefährlichkeit des Krebsübels und dessen Bedeutung für den künftigen Haubarkeitsbestand nicht genügend gekannt und gewürdigt ist. Eine regelmässig wiederkehrende Entfernung sämmtlicher Krebsstämme aus annähernd gleichaltrigen Beständen jeder Altersstufe, die einen Aushieb von 5—15 und noch mehr Hundertel der Stämme (bzw. Kreisflächensummen) bedeuten würde, wäre nicht durchführbar, ohne mit dem Grundsatz der möglichsten Gleichaltrigkeit zu brechen. Diese Massregel müsste von selbst zum Femelschlagbetrieb mit langer Verjüngsdauer führen, da auf den entstandenen Löchern sich zeitig reichlicher Vorwuchs einstellen würde.

b) Man erklärt sich zwar damit einverstanden, bei Reinigungshieben und ersten Durchforstungen nicht engherzig zu sein und gegen den Aushieb starker, mit Schaftkrebs behafteter Vorwüchse nichts einzuwenden, selbst wenn auf den etwa entstandenen Lücken noch einige Pflanzen eingebracht werden müssen. Sobald letzteres aber nicht mehr mit Erfolg möglich ist, sollen Bestandslücken vermieden werden und zwar entweder

α) überhaupt vermieden oder

β) Vermeidung nur solcher Lücken, welche sich innerhalb einer bestimmten Zeit, spätestens bis zur nächsten Durchforstung, voraussichtlich nicht schliessen, ohne dass die Einstellung von Vorwuchshorsten schon erwünscht oder geduldet wäre.

Wer die grundsätzliche und vollständige Vermeidung von Bestandslücken durch Aushieb von Krebsstämmen bei Durchforstungen und Reinigungshieben verlangt, verkennt entschieden die nun mehrfach nachgewiesene Eigenthümlichkeit des Krebses, gerade die stärkeren Stämme zu befallen, die dem herrschenden Bestande angehören und schlechterdings nicht ohne Verursachung einer kleinen oder grösseren Lücke entfernt werden können. Durch Festsetzung eines nicht zu eng bemessenen Zeitraums bis spätestens zur Wiederkehr der nächsten Durchforstung für Wiederherstellung des Bestandsschlusses kann der Kampf gegen den Weisstannenkrebs schon sehr erheblich gefördert werden. Ein wirklicher Erfolg auch bei angehend haubaren Hölzern erscheint aber erst dann gesichert, wenn der Nebenbestand richtig behandelt wird, wenn selbst völlig unterdrückte, aber noch lebensfähige, Stämmchen neben auszuhauenden Krebsstämmen als Lückenbüsser stehen gelassen werden, ganz entgegen der früher allgemein angewandten Regel, alles Unterdrückte, und nur dieses, herauszuhauen. Sollte es, wie sehr häufig der Fall, nicht gelingen, diese Ersatzstämme aus den Reihen des Nebenbestandes mit der Zeit zu mitherrschenden oder herrschenden Stämmen zu erziehen, so haben dieselben doch ihre Aufgabe erfüllt, den Boden vor Verwilderung und Entkräftung zu schützen. Von diesem Standpunkt betrachtet ergiebt sich die Regel ganz von selbst, welche thatsächlich auch schon mehrfach empfohlen und angewandt wird, bei sämmtlichen Hieben in erster Linie den Krebsstämmen nachzugehen und diese auszumerzen. Hierbei ist es allerdings nicht nöthig, dass diese erste Arbeit nur dem Aushieb der Krebse gewidmet wird. Es genügt vielmehr, wenn jede Partie oder Rotte von Holzhauern bei Reinigungshieben und Durchforstungen in Jungbeständen zwar zuerst die Krebse auszieht, soweit dies gestattet wird, dann aber alsbald (neben Zwieseln u. s. w.)

die noch abkömmlichen Stämmchen des Nebenbestands zum Hiebe bringt, wobei es an sachgemässer Leitung und Aufsicht nicht fehlen darf. In älteren Stangenorten und Schlägen kommt die Bezeichnung sämmtlicher zu fällenden gesunden wie Krebsstämme ohnedies dem leitenden Forstbeamten zu. Mit zunehmendem Bestandsalter gelangt dann auch immer mehr die Thatsache zur Geltung, dass es nicht möglich ist, allgemeine Regeln für die Ausscheidung des Krebsholzes aufzustellen, sondern dass hier jeder Krebsstamm als ein Fall für sich behandelt werden muss, über den zu entscheiden manchmal nicht gerade leicht ist. Im grossen Ganzen aber wird wenigstens als ungefährer Weiser für die Behandlung der Krebsaushiebe vom 60. Jahre an etwa Folgendes aufzustellen sein:

Ist der Krebsstamm ganz oder nahezu dürr, oder zeigen sich an demselben die Fruchtträger des Polyporus fulvus, so ist derselbe unbedingt zu entfernen, ohne Rücksicht, ob ein Loch im Bestande entsteht oder nicht. Sehr häufig lässt sich dies auch erreichen, wenn der Krebs ganz umläufig ist mit stark aufgetriebener Schaftbeule, oder wenn die Krankheit den Stamm zwar noch nicht umfasst, aber die Krebsbeule, von Rinde ganz oder theilweise entblösst oder stark von Harz triefend, augenscheinlich in einem vorgeschrittenen Zustand der Zersetzung sich befindet; denn es darf hier angenommen werden, dass der befallene Stamm in Bälde dem Polyporus oder dem Sturm oder beiden verfällt.

Entscheidend wird immer die Beantwortung der Frage bleiben, ob im einzelnen Fall an dem betreffenden Krebsstamm oder, nach dessen alsbaldigem Aushieb, an den ihn umgebenden Nachbarstämmen auf Dauer ein höherer Gesammtwerthzuwachs zu erwarten ist, bzw. durch allmählichen Eingriff herbeigeführt werden kann; ferner der Gesichtspunkt, wie, je nach der Betriebsart, ein sich einfindender Vorwuchs auf entstandenen Lücken wirthschaftlich aufzufassen ist, ob nur als Bodenschutzholz oder als erster Beitrag zum künftigen Bestand. Je länger die Verjüngungsdauer angenommen wird, desto grösser ist der Spielraum für den Aushieb von Krebstannen, desto eher darf im Zweifelsfall ein Krebsstamm aus den herrschenden und selbst vorherrschenden Baumklassen ausgeschieden werden.

Andererseits ist nicht zu bestreiten, dass es häufig gar nicht gerathen erscheint, Krebsstämme zu entfernen, wenn die Beule nur schwach entwickelt ist, so dass sie den Stamm erst in geraumer Zeit ganz umfassen wird, oder wenn ohne Nachtheil für die umgebenden Stämme ein solcher Krebsstamm bis zur nächsten Durchforstung oder noch länger stehen gelassen werden kann, um bis dorthin Zuwachs anzulegen. Da beim sog. „gesunden“ Krebs der Stamm oft nur dem Ausschuss zugewiesen und so um beiläufig 10 % niedriger verkauft wird, als ein gesunder Stamm vom gleichen Ausmass, so kann der Aushieb eines solchen Stammes mit „gesundem“ Krebs einen unmittelbaren Schaden bedeuten, sofern der vielleicht vorherrschende Krebsstamm im besten Zuwachs stand, während auf der entstandenen Lücke nichts zuwächst. Wo Krebsstämme, wie sehr häufig, in Gruppen bis zu 5 und 6 Stück beisammenstehen, ist es ohnedies unmöglich, falls eine Einleitung der Verjüngung nicht beabsichtigt ist, mehr als 2 bis höchstens 3 derselben bei kurzfristigem Femelschlagbetrieb auszuhauen.

Die Lage der Krebsbeule am unteren oder mittleren Theil des Schafts ist an sich noch kein ausreichender Grund, einen Krebsstamm auszuhauen. Wenn sich, wie sehr häufig, die Beule nur in 1 m und weniger über dem Boden befindet, so ist dies für die Verwerthung des Stammes oft günstiger, als wenn dieselbe in $^1/_5$ bis $^1/_3$ der Scheitelhöhe gelegen ist.

Dass über dem Eifer der Ausscheidung von Krebsstämmen nicht wichtigere Rücksichten z. B. auf die Sturmgefahr übersehen werden dürfen, namentlich in der Nähe des dem Hauptwind ausgesetzten Traufs, ist selbstredend.

Alles in Allem ist zu sagen, dass die Behandlung der Krebsfrage in angehend haubaren und haubaren Beständen den Revierverwalter auf eine Probe stellt, die von Fall zu Fall sein wirthschaftliches Denken fesselt und seine forstliche Bildung ganz in Anspruch nimmt. So sehr ich mit den neuen elsass-lothringischen Wirthschaftsregeln für die Tanne in Beziehung auf die sorgfältig und mit grosser Sachkenntniss erwogene Behandlung des Weisstannenkrebses einverstanden bin, so sehr bedaure ich, dass dort den Oberförstern der Aushieb von grünen Krebsstämmen auf dem Wege der sog. Totalitätshiebe untersagt ist. Die Bekämpfung des Weisstannenkrebses hat eine Bedeutung, welche über die zeitlich sehr auseinanderliegende wirthschaftsplanmässige Behandlung des einzelnen Bestandes weit hinausreicht; die Krebsfrage beherrscht die ganze Weisstannenwirthschaft. Wie ich mich seit fast einem Jahrzehnt auf zahllosen Waldgängen immer mehr überzeugt habe, kann gerade auf dem Wege der sog. Totalitätshiebe (in Württemberg „Scheidholzhiebe") in der Bekämpfung des Tannenkrebses so wesentlicher Nutzen gestiftet werden, dass solche Scheidholzhiebe zur Bekämpfung des Krebses nicht nur nicht verboten, sondern umgekehrt geradezu anbefohlen werden sollten, allerdings unter gleichzeitiger Wahrung der erforderlichen Vorsichtsmaassregeln und eines an sich nicht unmässigen Umfangs. Es wäre m. E. zu empfehlen, dass während eines Hiebsumlaufs von je 5 Jahren sämmtliche über 60jährige Tannenbestände des Wirthschaftsbezirks durchgangen würden, um die dringlichen Fälle und diejenigen, in welchen durch Auszug von Krebsstämmen nur Nutzen geschafft wird, sicher zu erledigen, auch wenn kein Schlag oder Durchforstung in diesem Zeitraum dieselben berührt. Hierbei hätte der Wirthschafter insbesondere der sattsam nachgewiesenen Thatsache eingedenk zu sein, dass ein Eingriff in den herrschenden Bestand nicht nur nicht vermieden werden kann, sondern vielmehr unbedingt gefordert werden muss, aber unter Beachtung der zahlreichen Vorsichtsmaassregeln und wichtigen Gesichtspunkte.

Es ist mir zwar 1886, als ich in unserem grössten Schwarzwaldrevier eine Durchforstung in einem älteren Tannenbestand auszeichnete und es sich darum handelte, eine Anzahl schlechter Krebsstämme hierbei als „Scheidholz" herauszunehmen, vorgekommen, dass mein damaliger gestrenger Vorgesetzter, der für die Krebsfrage wenig Empfänglichkeit besass, einen Holzhauerobmann (!) hintendrein schickte, um einen Theil der von mir ausgezeichneten Krebsstämme zum Stehenbleiben wieder anzureissen. Allein ich hoffe, dass ich seither durch sorgfältige Behandlung vieler Einzelfälle von Krebsansteckung einigen Nutzen gestiftet habe und künftig in meinem schönen Revier noch mehr stiften werde.

In Erwägung, von welch' grosser Wichtigkeit es wäre, wenn nicht jede Tanne der Werthsminderung und späterhin dem Verderben anheimfallen würde, sobald der Schaft vom Krebspilz durch Einwachsen u. s. w. erfasst wird, und dass man in der Bekämpfung des Krebses trotz Allem wenig über Gerwig's Vorschlag hinausgekommen ist, versuchte ich im Februar 1894 ein neues Mittel zur Eindämmung des Uebels, wo es noch nicht zu weit vorgeschritten ist: ich liess zunächst im Staatswald Ziegelhau (Ziff. 13 der Uebersicht auf S. 161) an 109 der noch stehen gebliebenen Krebsstämme, welche trotz der Durchforstung nicht abkömmlich erschienen und an welchen die Beule gleichzeitig noch nicht mehr als $^1/_3$ des Stammumfangs einnahm, die Krebsrinde bis auf den Basttheil sorgfältig entfernen und dann die ganze Wunde mit Steinkohlentheer anstreichen. Derselbe tödtet wohl das noch übrige Mycel und schützt zugleich die Wunde vor dem Verderben. Nach den günstigen Erfahrungen, welche mit Theer bei Behandlung grösserer Wunden in Folge Aufastung u. s. w. gemacht wurden, und da ich hier viel aufaste und antheere, glaubte ich, auf obigen Versuch nicht verzichten zu dürfen. So fragt es sich nun: welchen Einfluss hat das Antheeren entrindeter Krebsbeulen am lebenden Stamm 1. auf das Wachsthum des Stammes, 2. auf die Unterdrückung der Krebswucherung, 3. auf die Beschaffenheit des Holzes, auch nach erfolgter theilweiser oder vollständiger Ueberwallung der Wunde, ferner 4. bis zu welchem Antheil am Stammumfang liesse sich das Theeren von Krebsbeulen mit gutem Erfolg anwenden?

Alsbaldige Entfernung der gehauenen Krebsstämme aus dem Wald, wie solche empfohlen wird, vermag schwerlich einen Einfluss auf die Bekämpfung des Weisstannenkrebses auszuüben; dagegen sollte es nirgends unterlassen werden, falls eine Entrindung der gefällten Stämme sonst nicht erfolgt, wenigstens die Krebsbeulen vollständig bloszulegen, um auch den wenigen in denselben sich aufhaltenden Insekten Abbruch zu thun. Diese Entrindung ist übrigens schon deshalb kaum umgänglich, weil der Gesundheitszustand des Krebses, der für die Verwerthung massgebend ist, meist nur nach Entrindung und Aufhauen der Beule ersichtlich wird.

6. Herstellung oder Begünstigung von gemischten Beständen und von sporenfangenden Bestandsrändern. Beide sollen auf die Verbreitung der Krebskrankheit einen mindernden Einfluss ausüben und es ist an sich richtig, aber nicht mehr als selbstverständlich, dass in gemischten Beständen mit der Zunahme anderer Holzarten die Abnahme der Krebsstämme auf der Flächeneinheit gleichen Schritt hält; nicht aber, wie wir früher sahen, wird in gemischten Beständen das Verhältniss der Krebstannen zu den gesunden Tannen erweislich günstiger. Die gehoffte und ange-

nommene sporenfangende Wirkung von Bestandsrändern besteht ferner in Wirklichkeit nicht oder nur in so untergeordneter Weise, dass sie nicht in Betracht kommt. Die Hexenbesen sind an den Bestandsrändern leichter sichtbar, z. Th. weil sie in Folge grösseren Lichtgenusses stärker zuwachsen, als im Innern des Bestandes. Dass aber dort nicht weniger stammgefährdende Hexenbesen jederzeit sich vorfinden, beweist die gleichmässige Verbreitung der Krebsstämme über die Gesammtheit der Tannenbestände.

Vom Standpunkt der Bekämpfung des Krebses und seiner Weiterverbreitung ist also auf gemischte Bestände und sporenfangende Bestandsränder aus anderweitigen Holzarten wenig oder nichts zu halten.

§. 49. 7. Handhabung eines wirthschaftlichen Betriebs, bei dem der rechtzeitige Aushieb der Krebsstämme möglich ist.

Wie wir bereits sahen, wird hier Aufgebung des gleichaltrigen Hochwaldbetriebes verlangt, bei dem eine Entfernung herrschender, d. h. gerade der wichtigsten, Krebsstämme vor dem annähernd gleichzeitigen Hiebseintritt grundsätzlich ausgeschlossen werden muss. Doch ist es weniger die ächte Femel- oder Plänterform[1]) mit Vertretung sämmtlicher möglichen Altersabstufungen auf der Flächeneinheit, die hier gefordert wird, als die im badischen Schwarzwald längst übliche Femelschlagform[2]) mit längerer Verjüngungsdauer, während in Württemberg die durch Vermeidung des Kahlhiebs einerseits, vieljähriger Verjüngungsdauer andererseits und Benutzung von nur 1—2 Samenjahren sich auszeichnende Schirmschlagform für die Tanne herkömmlich ist[3]).

Hinsichtlich des Einflusses der Betriebsform auf die Krebs-

---

[1]) Danckelmann nennt es auf S. 304 seiner Zeitschrift im Jahrgang 1893 eine begriffliche und geschichtliche Verirrung, nach dem Vorgang von Heyer den Plänterwald als eine Art des Hochwalds aufzufassen. Danckelmann stellt sich hierdurch zu der grossen Mehrzahl der Theoretiker und Praktiker in lebhaften Gegensatz, welche nach wie vor alle Betriebsformen, die sich, wie auch der Plänterwald, ausschliesslich aus Kernwüchsen zusammensetzen, als Hochwald auffassen, ohne hierbei an eine Verirrung zu glauben.

[2]) Forstrath Krutina bezeichnete auf der Wildbader Forstversammlung den ächten Femelbetrieb bei der Weisstanne als weder absolut nöthig, noch zweckmässig. (Bericht S. 115.)

[3]) Nach dem Korreferat vom Forstrath (jetzt Oberforstrath) von Probst auf der Wildbader Forstversammlung (Bericht S. 81) Verjüngungsdauer 12—13 Jahre.

erkrankung stehen sich übrigens die Ansichten z. Th. scharf gegenüber. Weise glaubt (a. a. O. S. 23), dass die zögernde Verjüngung des Femelschlagbetriebes eine nachtheilige Wirkung ausübe; Oberforstrath Wagner aus Carlsruhe umgekehrt behauptet[1]), es entstehen hier „weniger Krebshölzer, als in geschlossenen Beständen", wo sie eine förmliche Kalamität seien, so dass oft der 3. oder 4. Stamm vom Krebs befallen sei.

Es ist hier nicht der Ort, über die Vorzüge und Nachtheile dieser beiden ohne scharfe Grenze nur durch die ungefähre Länge des Verjüngungszeitraums und die Gleichmässigkeit der Besamung beim Schirmschlagbetrieb, deren Ungleichmässigkeit beim Femelschlag, sich unterscheidenden Betriebsformen sich zu verbreiten; dies mag im Bericht der Wildbader Forstversammlung und anderweit nachgesehen werden. Aber darüber besteht wohl kein Zweifel, dass der Femelschlag mit frischer Hand Krebsstämme mit ungünstigen Beulen zu richtiger Zeit auszieht, wo der Schirmschlag dies nur mit Gewissensbissen wagen dürfte und deshalb in vielen wichtigen Fällen lieber unterlässt. Da der Femelschlag an sich für die Tanne vom waldbaulichen Standpunkt viel geeigneter ist, als der kurzfristige Schirmschlag, der oft mit rauher Hand wieder zerstört, was er an Vorwuchshorsten kaum vorher schuf, so sollte auch im Hinblick auf die Bekämpfung des Krebses durch rechtzeitigen Aushieb der Krebsstämme der ersteren Form entschieden der Vorzug eingeräumt werden. Es ist ja eine leidige Thatsache, dass die Tanne immer mehr aus ihrem natürlichen Verbreitungsgebiet zurückweicht, je kürzer der Verjüngungszeitraum genommen wird und je mehr der Kahlschlag im Ganzen oder in einzelnen Theilen seinen Einzug in Tannenbeständen hält.

Was übrigens den Umfang des Verjüngungszeitraums anlangt, so erscheint es der Mittheilung werth, wie sich in dieser Hinsicht die 42 anscheinend je ziemlich gleichaltrigen Versuchsflächen verhalten, bei welchen eine möglichst genaue Ermittelung des („wirthschaftlichen") Alters stattgefunden hat. Es wurden auf diesen Flächen im Ganzen 536 Probestämme gefällt, durchschnittlich also auf jeder Versuchsfläche deren 12,8 Stück. Dieselben sind nach zunehmender Stärke numerirt und man könnte versucht sein, zu

---

[1]) In demselben Wildbader Bericht S. 104.

glauben, dass der stärkste Probestamm auch der älteste sein müsse. Dies trifft aber keineswegs zu, sondern ist nur bei $^1/_6$ der Versuchsflächen der Fall; im Durchschnitt ist der 9,76. Stamm der älteste von 12,8 Probestämmen. Es war sogar wiederholt der Fall, dass der schwächste Probestamm der älteste war; es kommen fast alle möglichen Fälle vor. So ist die Wahrscheinlichkeit sehr gross, unter den Probestämmen solche der jüngsten, wie der ältesten Bestandsgruppen zu erhalten und deshalb darf wohl der Altersunterschied zwischen dem ältesten und dem jüngsten Probestamm als Verjüngungszeitraum des betreffenden Bestandes aufgefasst werden. Derselbe beträgt bei den 44—68jährigen Beständen 12—39, im Durchschnitt 21,9 Jahre, bei den 61—88jährigen 9—43, im Durchschnitt 26,7 Jahre, bei den 91—123jährigen Beständen 10—57, im Durchschnitt 30,7 Jahre. Dieser durchschnittliche Verjüngungszeitraum bewegt sich also zwischen rund 22 und 31 Jahren und ist im Mittel 27,0 jährig, ein Altersunterschied, den man vielen dieser Versuchsbestände kaum ansieht. Für die 32 württembergischen Versuchsflächen beträgt der durchschnittliche Verjüngungszeitraum 27,4 Jahre, für die 10 hohenzollern'schen 25,5 Jahre, also nur eine höchst unbedeutende Abweichung. Stellt man den Verjüngungszeitraum nach Standortsklassen zusammen, so findet sich dieser für den 1. Standort (19 Flächen) zu 22,1 Jahren, für den 2. Standort (18 Flächen) zu 28,4 Jahren, für den 3. Standort (3 Flächen) zu 37,3 Jahren und für den 4. Standort (2 Flächen) zu 44,0 Jahren. Hiernach würde die Verjüngungsdauer mit der Abnahme der Standortsgüte bis auf das Doppelte wachsen. Jedenfalls sind alle diese Versuchsbestände nicht in kurzfristigem Schirmschlag, sondern im Femelschlagbetrieb mit einer Verjüngungsdauer entstanden, die hinreichend war, um die Erhaltung tüchtigen Vorwuchses zu sichern, die aber andererseits den Eindruck annähernder Gleichaltrigkeit des Bestandes nicht zu verwischen mochte und auch der Waldertragsregelung kaum irgendwo Schwierigkeiten bietet, wie solche vom Plänterbetrieb, auch vom sog. geregelten, nicht mit Unrecht gefürchtet werden.

§. 50. Der wirthschaftliche Betrieb in Tannenbeständen besteht ungefähr während der Hälfte des Bestandslebens aus Durchforstungen, deren Wichtigkeit schon hieraus einleuchtet. Nachdem unter Ziff. 5 dieses Abschnitts ganz allgemein über die Entfernung von Krebsstämmen gesprochen wurde, möge hier noch im Besonderen das Verhältniss erörtert werden, in welchem die Krebsfrage Begriff, Zweck und Ausführung der Durchforstungen in Tannenbeständen beeinflusst und z. B. im Arbeitsplan für Durchforstungsversuche des Vereins deutscher forstlicher Versuchsanstalten zu berücksichtigen ist.

Von den verschiedenen in der forstlichen Literatur schon aufgetauchten Durchforstungsbegriffen erscheint mir als der klarste, einfachste und zweckmässigste der von meinem Freund und Amtsvorgänger bei der Tübinger Forstlichen Versuchsanstalt, Professor Dr. E. Speidel (zunächst für reine Bestände) aufgestellte[1]):

„Durchforstungen sind alle Durchhiebe, welche nach eingetretenem Schluss der das Wirthschaftsziel bildenden Stämme eines Bestandes eingelegt werden und nur in den nicht zu den 600—800 stärksten Stämmen vom ha gehörigen Theil des Vollbestandes eingreifen“.

Als Zweck der Durchforstungen bezeichnet Speidel[2]):

„Die Pflege des in den 600—800 stärksten Stämmen ausgeschiedenen künftigen Haubarkeitsbestandes[3]) und die vortheilhafteste Ausnützung des Füllholzes“.

Auch wenn man berücksichtigt, dass im Hinblick auf künftige etwaige Gefahren die Zahl jener Stämme des vermuthlichen Haubarkeitsbestandes in jüngeren Beständen wesentlich erhöht werden muss, so wird die Ausführung der Durchforstungen im soeben genannten Sinn auf den verhältnissmässig kleinen Versuchsflächen mit ihren vollbestockten, gleichartigen Beständen wenige Mühe und Zweifel veranlassen; im praktischen Wirthschaftsbetrieb dagegen ist es unumgänglich, vor Allem einen Massstab zur Hand zu haben, der sich ohne Rechnung für die Einheitsfläche auf die Bestandsverhältnisse im einzelnen Fall stützt. Will man es nicht als Regel gelten lassen, dass alle 3—4 m von einander entfernt ein nutzholztüchtiger

---

[1]) Waldbauliche Forschungen in württembergischen Fichtenbeständen mit Beiträgen zur Wirthschaftsgeschichte, Zuwachs- und Durchforstungslehre von Dr. Emil Speidel, kgl. Oberförster, Assistent der kgl. württemberg. Versuchsanstalt. S. 67.

[2]) Daselbst S. 68.

[3]) In seiner neuesten ausgezeichneten Schrift „Beiträge zu den Wuchsgesetzen des Hochwaldes und zur Durchforstungslehre“, Tübingen, Laupp 1893, legt Speidel auf S. 61 als Zahl der Haubarkeitsstämme seinen Berechnungen über deren Antheil am Gesammtzuwachs zu Grunde: auf I. Standortsgüte 560, auf II. 620, auf III. 740, durchschnittlich also 640 Stämme.

Stamm besonders in's Auge gefasst und gepflegt wird, so geht man am besten von der Kronenentwicklung des einzelnen Stammes aus. Einen solchen Maassstab bietet § 8 der auf der Versammlung des Vereins deutscher forstlicher Versuchsanstalten zu Mülhausen 1873 entstandenen Anleitung für Durchforstungsversuche. Derselbe lautet:

§. 51. „Von den jedesmal eine Hauptversuchsfläche bildenden 3 Versuchseinzelflächen ist Fläche I schwach, Fläche II mässig, Fläche III stark zu durchforsten. Um für dieses Durchforstungsmass eine feststehende Norm zu erhalten, wird Folgendes festgesetzt.

In jedem Bestande, welcher sich vollständig gereinigt hat, lassen sich folgende Bestandsglieder unterscheiden [1]):

1. Herrschende Stämme, welche mit vollentwickelter Krone den oberen Bestandsschirm bilden.
2. Zurückbleibende Stämme, welche an der Bildung des Stammschlusses noch Theil nehmen, deren grösster Kronendurchmesser aber tiefer liegt, als der grösste Kronendurchmesser der herrschenden Stämme, die also gleichsam das zweite Stockwerk bilden.
3. Unterdrückte (unterständige, übergipfelte) Stämme, deren Spitze ganz unter der Krone der herrschenden Stämme liegt. Auch niedergebogene Stämme gehören hierher.
4. Absterbende oder abgestorbene Stämme
   a) die schwache Durchforstung entfernt nur die abgestorbenen und absterbenden [2]) Stämme,
   b) die mässige die unterdrückten,
   c) die starke (vorgreifende) Durchforstung endlich auch alle zurückbleibenden Stämme."

Es ist leicht ersichtlich, dass keiner dieser Durchforstungsgrade, auch wenn er in die forstliche Praxis unmittelbar übertragen würde, der Bekämpfung des Weisstannenkrebses irgend Vorschub leistet.

Nun hat zwar die preussische forstliche Versuchsanstalt auf

---

[1]) So sehr ich mit vielen Ausführungen meines Collegen, Oberförster Dr. Haug, in Blaubeuren in seinem „Beitrag zur Durchforstungsfrage" (Januar- bis Märzheft von 1894 der Allgemeinen Forst- und Jagdzeitung) einverstanden bin, so ziehe ich doch obige Bestandsgliederung der von Haug vorgeschlagenen und an die bekannte Kraft'sche sich anlehnenden vor. Derselbe verzichtet übrigens auf eine genaue Begriffsbestimmung für „Durchforstung im engeren Sinn", da nach seinem Dafürhalten deren Grenze gegen Reinigungshieb einerseits, Lichtungshieb andererseits „sich nicht wohl begrifflich fest bestimmen lassen".

[2]) Nach Vereinsbeschluss in Stuttgart vom 8. Juni 1878 fallen auch die absterbenden Stämme der schwachen Durchforstung anheim, während diese nach der ursprünglichen Vereinbarung in Mülhausen der mässigen Durchforstung vorbehalten waren.

der Vereinsversammlung in Tharand am 31. August 1889 folgende Ergänzung von § 10 des Arbeitsplans für Durchforstungsversuche beantragt:

„.... Wenn bei den Schattenhölzern zwar unterdrückte, aber noch lebenskräftige Stämme vorkommen, welche zur Deckung einer sonst unvermeidlichen Lücke dienen, so sollen dieselben stets belassen werden. Einzelne vorfindliche schlecht geformte, vorwüchsige, ebenso auch alle kranken Stämme, sowie einzelne Zwieselstämme sind stets zu entfernen."

Leider wurde dieser Antrag abgelehnt, dem es nicht besser ging, als dem sachlich und zeitlich gleich wohl angebrachten Vorschlag der württembergischen Versuchsanstalt betreffend zweckmässigere Fassung von § 8 des Arbeitsplans für Durchforstungsversuche.

Beide Anträge fielen durch den Widerstand der bairischen Versuchsanstalt (bzw. v. Baur's).

Glücklicher war der Antrag der württembergischen Versuchsanstalt auf der 1891er Versammlung des Vereins in Badenweiler, an der ich theilnehmen durfte. Derselbe wurde allgemein angenommen und lautet:

„Neben den 3 Vergleichsflächen, welche für die schwache, mässige und starke Durchforstung nach dem Arbeitsplan angelegt werden, soll wo immer möglich eine vierte Fläche so behandelt werden, dass man unter Erhaltung unterdrückten und zurückbleibenden Holzes in die Klasse der herrschenden Stämme eingreift und zwar so weit, als nöthig ist, um einer für die Herausbildung des dereinstigen Haubarkeitsbestandes ausreichenden Anzahl bester[1]) Stämme frühzeitig zu normalster Entwicklung zu verhelfen.

Diese Stämme sollen auf der Fläche annähernd gleich vertheilt sein. Sie sind mit Oelfarbe dauerhaft zu bezeichnen. Ihre Anzahl muss, damit man für den Fall unvermeidlichen Abgangs gesichert ist, in erstmals zu durchforstenden jungen Beständen etwa auf das Doppelte der Stammzahl des Haubarkeitsbestandes bemessen werden. In bereits mittelalten oder älteren Beständen ist die Zahl der besonders zu pflegenden Stämme entsprechend niedriger zu greifen."

Es ist freudig zu begrüssen, dass die Versuchsthätigkeit, dem geläuterten Bedürfniss der forstlichen Praxis entsprechend, auch nach der frühzeitigen Herausbildung des künftigen Haubarkeits-

[1]) Es werden dies in der Hauptsache zugleich die stärksten Stämme sein. — Eine Verbesserung in dem Speidel'schen Durchforstungsbegriff (S. 157) wäre es, wenn hinter dem Wort „stärksten" (nämlich Stämmen) die Worte „und zugleich besten" eingefügt würden.

bestandes ihre Richtung nimmt und Schranken beseitigt, die allgemein oder bei einzelnen Holzarten einer zeitgemässen Verständigung mit dem ausübenden forstlichen Betrieb im Grossen hindernd im Wege standen.

Hierzu gehört insbesondere bei der Weisstanne die Berücksichtigung des massgebenden Einflusses, den die Krebsfrage dabei spielen muss. Während die früheren Vorschriften streng genommen und grundsätzlich gar nicht gestatteten, auf den Krebs irgend welche Rücksicht zu nehmen, ist dies bei dieser vierten Fläche in vollem Umfang möglich; denn Krebsstämme sind weder zu den besten Stämmen zu zählen, noch sollten sie überhaupt für den dereinstigen Haubarkeitsbestand in Betracht gezogen werden; ihre Entfernung ist vielmehr zulässig und die Erhaltung der von ihnen unterdrückten oder beeinträchtigten Stämme ausdrücklich vorgeschrieben. Würden die Stämme auf derartigen Tannenversuchsflächen numerirt, so liesse sich zahlenmässig die Gestaltung solcher Hiebe nachweisen. Hier mag die Plänterdurchforstung oder die „éclaircie par le haut" in vollem Rechte sein. Wie weit dabei der Aushieb von Krebsstämmen gehen sollte, ob insbesondere noch weiter als nach § 30 der neuen elsässischen Wirthschaftsregeln für die Weisstanne, das kann füglich dem Versuch im Einzelnen überlassen werden. Entsprechende Anhaltspunkte für denselben dürften jedoch die Darstellungen in Tafel 6 bilden.

Wenn Speidel[1]) auf Grund seiner zahlreichen Fichtenaufnahmen und von Zuwachsberechnungen für die einzelnen Stammklassen „jedenfalls für die Fichte" ein besonderes Durchforstungsverfahren vorschlägt, nach welchem der bisherige A- und B-Grad ganz fallen und nur noch im C-Grad und einem etwas über denselben hinausgehenden Grad durchforstet werden soll, so erscheint es nicht minder gerechtfertigt, für die Tanne ein besonderes Durchforstungsverfahren zu verlangen, da ihre Bewirthschaftung hauptsächlich durch die Krebsfrage beherrscht wird. Hier handelt es sich in vollem Gegensatz zur Fichte einerseits um einen Eingriff in den herrschenden und selbst vorherrschenden Bestand, der dort nicht gestattet ist, und andererseits um Schonung des Nebenbestands, der bei der Fichte fast gänzlich entfernt werden soll.

---

[1]) a. a. O. S. 68.

In welchem Umfang es mir im Revier Adelberg in den beiden abgelaufenen Wirthschaftsjahren 1893 und 1894 bei Reinigungshieben und Durchforstungen möglich war, Krebsstämme in (meist mit Fichten, z. Th. auch reichlich mit Buchen und Eichen) gemischten Beständen auszuziehen, mag folgende Uebersicht zeigen: §. 52.

Waldtheil (Abtheilung)	Himmelsrichtung und Neigungsgrad**)	Grundgestein	Gesammtfläche ha	Bestandsalter Jahre	Ausgehauene Krebsstämme im Ganzen	An der Gesammtfläche sind ha reiner Tannenbestand	Ausgehauene Krebsstämme auf 1 ha reinen Tannenbestands
1. Linsenwiese*)	NNO_3	Stubensandstein	3,6	31	168	1,4	117
2. Mülhalde *)	SSW_3	Stubensandstein u. Knollenmergel	16,7	37	920	10,0	92
3. Stöckwies *)	NO_2	desgl.	17,8	45	1942	12,5	155
4. Mönchshalde*)	NO_2	desgl. und Lias *α* unten	8,7	46	624	3,5	178
5. Heimbach *)	SO_2	Stubensandstein	9,6	46	215	3,8	56
6. Haspensteig*)	NNW_2	Stubensandstein u. Knollenmergel	12,1	47	210	7,4	28
7. Rehhalde	N_2	desgl.	9,3	47	132	3,7	36
8. Linsenwiese	NNO_3	desgl.	8,8	48	242	3,5	69
9. Hopsawies *)	SSW_2	desgl.	5,8	52	214	2,3	93
10. Hauwies *)	S_1	desgl. und Lias *α* unten	10,2	57	232	5,1	45
11. Fuchsbül	NO_1	Knollenmergel und Lias *α* unten	7,1	58	435	4,3	101
12. Bildstöckle	NNO_2	Stubensandstein u. Knollenmergel	4,3	63	312	1,7	184
13. Ziegelhau	0	Lias *α* unten	11,1	63	876	5,6	159
14. Schnait	0	desgl.	14,3	65	306	4,3	71
15. Marderfall	W_{0-2}	desgl. u. Stubensandstein, Knollenmergel	9,2	73	252	1,8	137
16. Maurichwies	SW_1	desgl.	10,8	75	47	2,2	21
17. Fezendöbele	N_2	Lias *α* unten	8,0	77	95	3,2	29
18. Oberhau	0	desgl.	9,0	86	50	2,7	19
			176,4	56	7272 auf 1 ha 41 Stück	79,0 = 44,8 %	92

*) Erste Durchforstung.

**) 0 = eben, 1 = sanft geneigt, 2 = stark geneigt, 3 = steil, 4 = sehr steil; z. B. NO_2 = stark nach NO geneigt.

In den Beständen No. 1—6 wurden sämmtliche Krebsstämme ausgehauen, in No. 8 war dies nicht möglich, da der Schneedruck von 1886 auf zahlreichen Stellen die stark beigemischten Fichten gezehntet hatte. Bei No. 7 und 9—18 war dies z. Th. auch der Fall; hier war aber der Nebenbestand früher schon mehr oder weniger stark ausgeforstet, so dass immerhin eine grössere Anzahl herrschender Krebsstämme stehen gelassen werden musste, sei es bis zur nächsten Durchforstung oder noch länger.

Es erscheint sehr von Werth, zu vergleichen, wie Wissenschaft und Wirthschaft sich hinsichtlich der Krebsbekämpfung zu einander verhalten. Die ganz genau aufgenommenen 38 Versuchsbestände umfassen eine Fläche von 38 . 0,25 = 9,5 ha; die auf Seite 161 genannten 18 Waldtheile des Reviers Adelberg dagegen 176 ha gemischten oder 79 ha reinen Tannenbestandes (letzteres nach der Schätzung im Wirthschaftsplan). Fasst man wieder je 3 dieser 18 Abtheilungen zusammen und trägt die durchschnittliche Zahl der auf denselben ausgehauenen Krebsstämme (auf 1 ha reinen Tannenbestandes) in Tafel 2 auf, so ergiebt sich eine Kurve, welche durchweg um 12—15 solche Stämme mehr anzeigt, als die Kurve für die Krebsstämme des Nebenbestandes in dieser Tafel, sonst aber ganz ähnlich verläuft; offenbar ein sehr günstiges Ergebniss.

Die Uebersicht auf Seite 161 lieferte auch noch einen beachtenswerthenBeitrag zur Kenntniss der Vertheilung der Krebsstämme auf den Nebenbestand. Bei 6 von jenen 18 Waldtheilen des Reviers Adelberg mit 63 ha im Ganzen und hiervon 35 ha reinen Tannenbestandes liess sich noch genau erheben, wie viele Krebsstämme bei fast gleichbleibender Zahl der Holzhauer täglich gefällt wurden. Die Stammzahl schwankte von 0—103 und durchschnittlich von 11—68 Stück täglich. Wiederum ein Beleg für die anscheinend launenhafte Vertheilung der Krebsstämme auf den Bestand.

Jedenfalls beweisen aber obige Zwischennutzungsergebnisse, dass bei Reinigungshiehen und Durchforstungen in der Bekämpfung des Weisstannenkrebses viel gethan werden kann, wenn nur der Blick in klarer und entschlossener Weise hierauf gerichtet ist. Dass dies aber geschieht und jene Arbeiten der Bestandspflege regelmässig, häufig und gründlich vorgenommen werden, das ist eben die Hauptsache, und hemmende wirthschaftliche Bevormundung muss hier mit der Zeit fallen. Zu derselben ist z. B. eine Vorschrift zu rechnen, wie die, dass der Anfall an herrschenden Stämmen aus Durchforstungen durchweg als Hauptnutzung zu buchen sei. Dies sollte (bei der Weisstanne) nur dann stattfinden müssen, wenn an Stelle der auszuhauenden herrschenden Stämme kein geschonter Nebenbestand treten kann. Der Begriff der Durchforstung bei der Weisstanne muss eben von Haus aus ein weitergehender sein und den voraussichtlichen künftigen Haubarkeitsbestand noch mehr in's Auge fassen, als dies bei allen übrigen Holzarten geboten ist. Ein zweites Hinderniss ist eine zu engherzige Periodenwirthschaft, die nicht gestattet, baldige Verjüngung einleitende, und letzte Durchforstung wie Vorbereitungshieb in sich schliessende, Krebsaushiebe vorzunehmen, ehe die Bestände derjenigen Periode oder gar Periodenhälfte an die Reihe kommen, welcher die betreffende Abtheilung oder Unterabtheilung, oft nur zur formellen Ausgleichung der Periodenflächen, eingereiht ist.

Wenn einmal die heutigen Altholzbestände abgeräumt sind und die Tanne grundsätzlich dem ihr am besten zusagenden Femelschlagbetrieb mit 20—40jähriger Verjüngungsdauer zurückgegeben sein wird, dann kann in einigen Jahrzehnten bei fleissigem und zielbewusstem Betrieb der Reinigungen und Durchforstungen in Tannenbeständen der Hexenbesen und die Beule von Aecidium elatinum zwar wohl nie ganz verschwinden, aber sie bilden dann nicht mehr das, was sie heutzutage noch sind, das tief einschneidende Krebsübel der Weisstannenwirthschaft.

Figur 1.

Stammkrebs aus Münzbuch (Aalen), 3 m über dem Boden, 41 jährig, umläufig; Rinde jedoch nur auf einer Hälfte abgefallen. Der Längs- und Querschnitt durch a ergab eingewachsenen Astkrebs, der vom vierten Jahr an umläufig ist. Bei a traten die Fruchtträger eines grossen gelben Blätterschwammes hervor Der Stamm war durch den Krebs dürr geworden.

V. = *1:2,5.**

(* *V.* = Verhältniss zur natürlichen Grösse.)

Figur 2.

Krebsbeulen ohne Hexenbesen.

4jähriger Zweig, von der Beule b an etwas kümmernd und gelblich gefärbt.
V. = 1:2,5.

32jährige Tanne aus Brenntenbuck, 42 cm hoch. Durch den Krebs dürr geworden. Das Zerschneiden in Scheiben ergiebt, dass eine Zeit lang ein Hexenbesen vorhanden war (sehr klein) und dann einwuchs.
V. = 1:2,5.

Figur 3a.

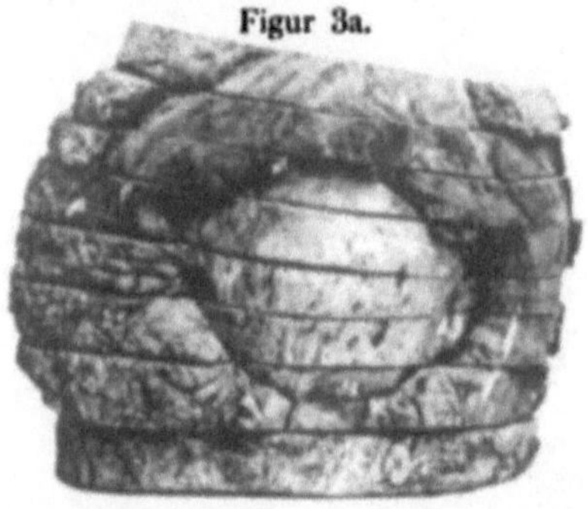

In Scheiben zersägter Tannenkrebs aus Bildstöckle (Schwann). Höhe des Stammkrebses über dem Boden 60 cm.
V. = 1 : 5,5.

Figur 3b.

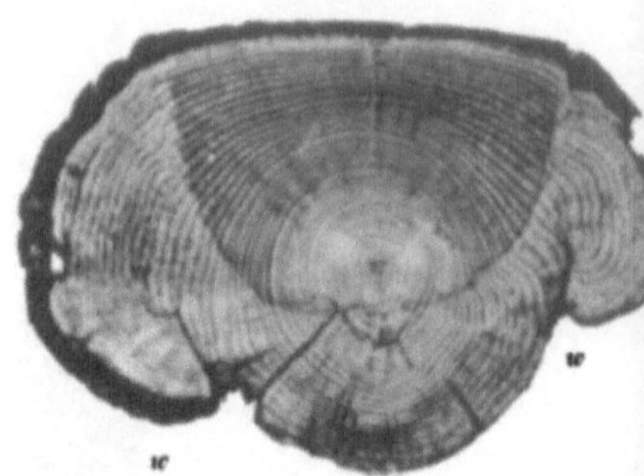

44jährige Scheibe aus der Mitte des Stamm-krebses aus Bildstöckle (Fig. 3a). Schar[fe] Grenze (halbkreisförmig) des gesunden un[d] kranken Holzes. w und w Ueberwallung[s]wülste (15jährig).
V. = 1:4,5.

Figur 4a.

Krebs von Prunus avium aus Petershau (Mochenthal).
V. = 1:5,5.

Figur 4b.

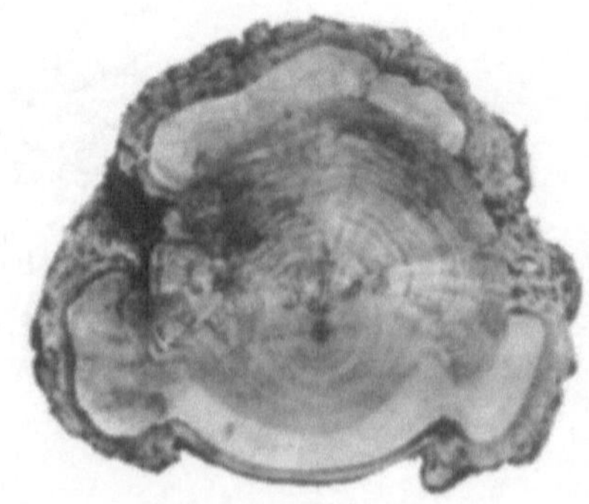

Querschnitt durch die Mitte des nebenstehenden Kirschbaumkrebses. Scheibe 39jährig, hiervon Ueberwallungswulst 9jährig.
V. = 1:4,5.

Verlag von Julius Springer in Berlin N.

Figur 5.

Pyramidenförmig verdickte Krebsborke aus Seewald (9 cm dick). Oben die Berührungsfläche mit dem „gesunden“ Krebs.
V. = 1:2,7.

Figur 6.

a b c

28jährige Tanne aus Mittelbül (mit engringigem Kern) 1,45 m hoch, Krebsansteckung im 2. Jahr, Hexenbesen 4jährig.
V. = 1:11.

20jährige Tanne, 1,70 m hoch, aus Teichloch (Herrenalb), mit 6jähr. Hexenbesen.
V. = 1:11.

21jährige Tanne aus Mittelbül, 1,10 m hoch, Hexenbesen 4jährig, Gipfel von da ab 8jährig, Ansteckung 1 Jahrring von der Markröhre weg.
V. = 1:11.

Figur 7.

8jähriger Hexenbesen aus Schwabhausen (Schwann); bildete den Gipfel einer 33jährigen, 8 m hohen Tanne (Vorwuchs in einer Kultur). Höhe und Breite je 1,5 m. Bei g der (dürre) Gipfel des Hexenbesens. An der oberen Hälfte des Umrisses sind die mit sporenstäubenden Accidien besetzten Hexenbesennadeln erkennbar.

V. = 1:14.

Verlag von Julius Springer in Berlin N.

Figur 8.

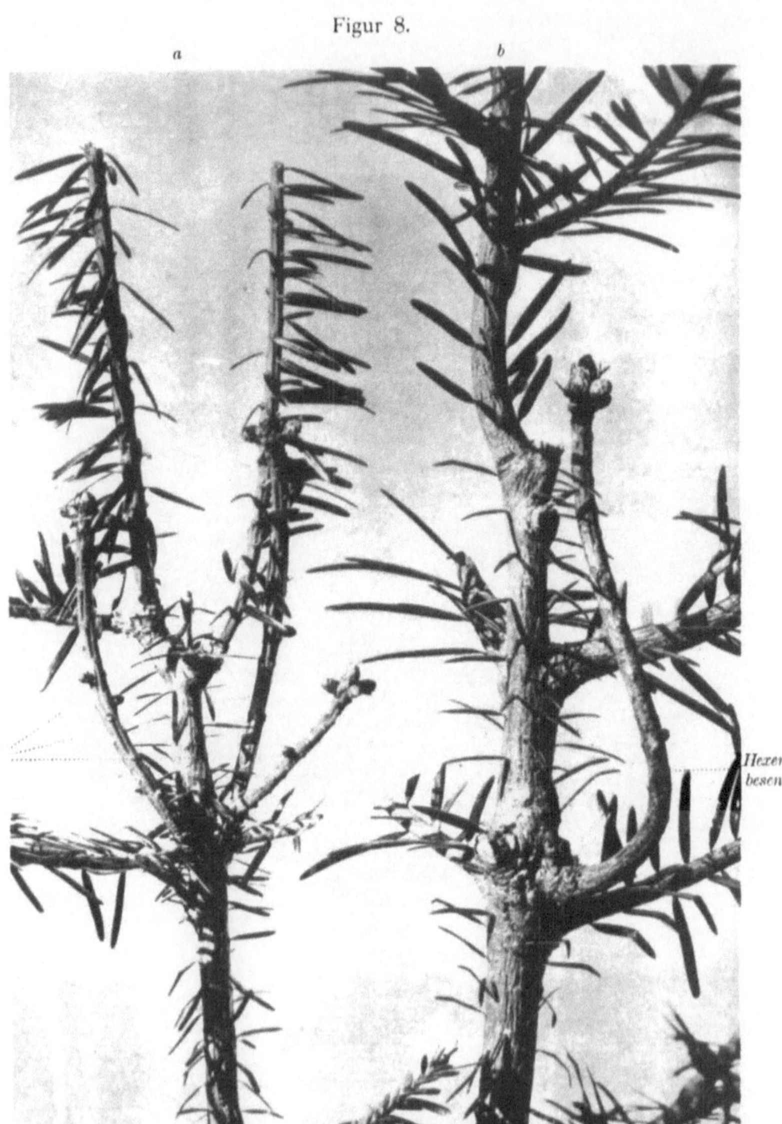

Junge Tannen mit Stammkrebs und 1 jährigem Hexenbesen (Grossholz).

11 jährig, 37 cm hoch, Gipfel abgeäst.
V. = 1:1,5.

11 jährig, 60 cm hoch, Gipfel ebenfalls abgeäst.
V. = 1:1,5.

Figur 9.

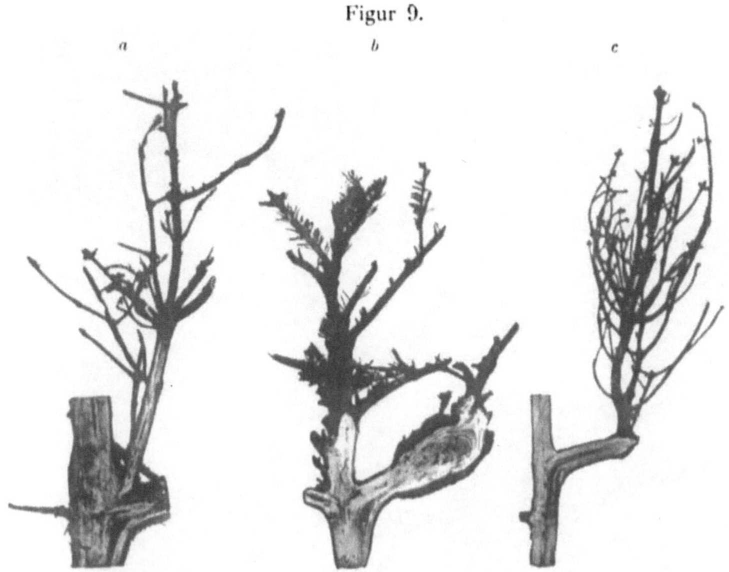

Jugendliche Uebergangsformen vom Astkrebs in den Stammkrebs.
V. *1:4,6.* *V.* *1:4,6.* *V.* *1:4,6.*

Hexenbesen 2,5 m unterhalb des Gipfels der Tanne im Eckkopf (Text S. 10); Besen und Gipfel 11jährig. Ersterer vor 5 Jahren vom Pilz befallen.
V. — *1:6,7.*

Figur 10.

24jährige Tanne aus dem Grossholz bei Tübingen, 5 m hoch, einwachsender Astkrebs in 2,1 m Höhe, Ast 7jährig, Hexenbesen (zwischen diesem und dem Schaft) 4jährig.

V. — 1:3.

Verlag von Julius Springer in Berlin N.

Figur 11.

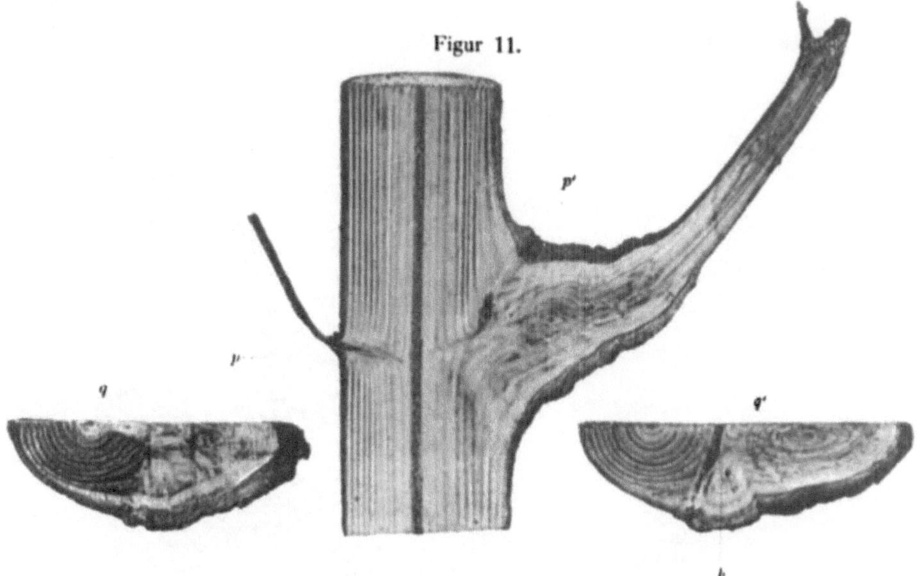

Radialschnitt durch den einwachsenden Astkrebs aus dem Grossholz (s. Figur 10). *q* senkrecht zur Markröhre geführter Querschnitt durch den Punkt *p*; *q'* senkrecht zur Markröhre geführter Querschnitt durch die eingewachsene Rindenpartie beim Punkt *p'*. Auf letzterem Querschnitt zeigt sich zugleich der Durchschnitt durch den daselbst entsprungenen 4jährigen Hexenbesen *h*.
V. = 1:2,5.

Figur 12.

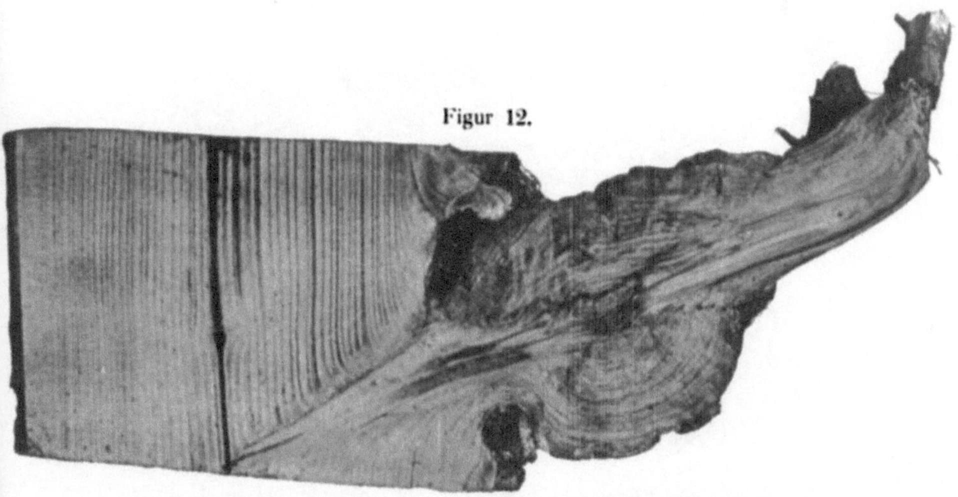

Theilweise eingewachsener, abgestorbener Astkrebs aus Brenntenbuck, 34jährig, 15 m über dem Boden. Schaftstück 46jährig. Beginn des Einwachsens vor 23 Jahren.
V. = 1:2,4.

Figur 13.

Zwiesel-Tanne mit Gipfelkrebs (Grossholz), Krebsbeule bei b, 11jährig. 50 cm hoch (Gesammthöhe der Pflanze).

V. = 1:2,5.

Figur 14.

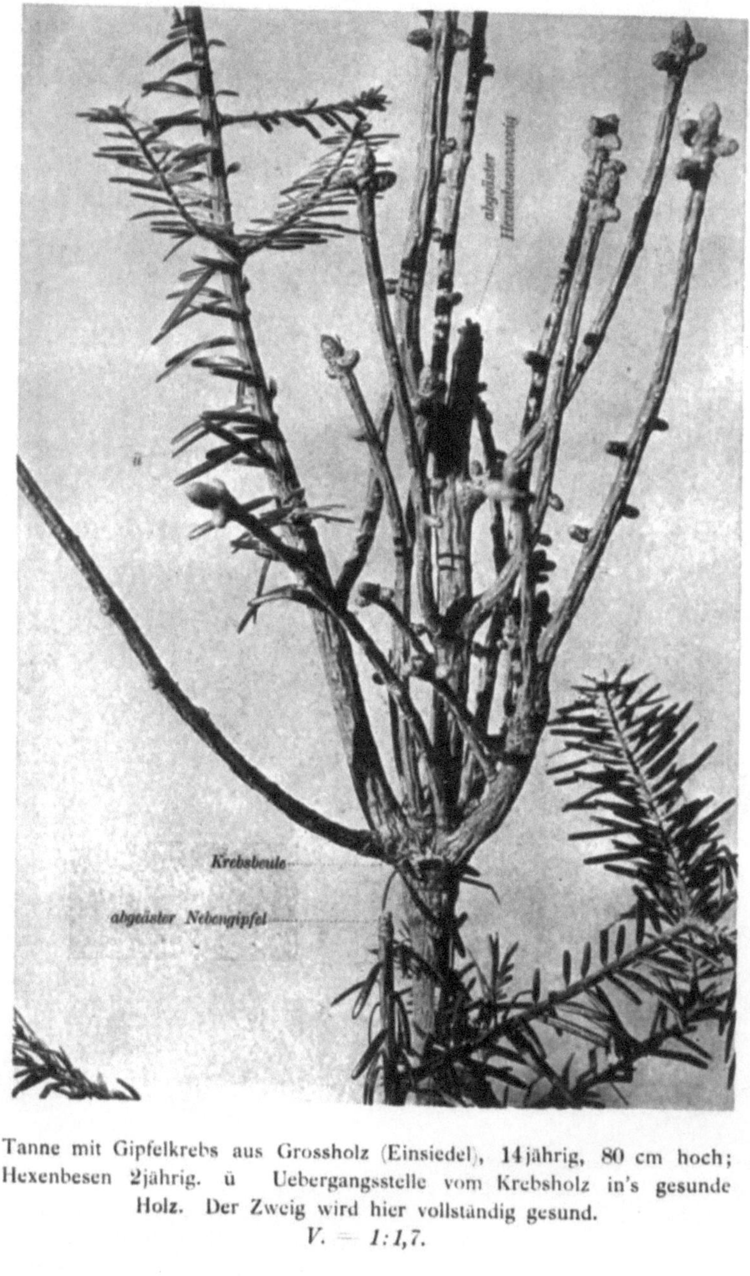

Tanne mit Gipfelkrebs aus Grossholz (Einsiedel), 14jährig, 80 cm hoch; Hexenbesen 2jährig. ü Uebergangsstelle vom Krebsholz in's gesunde Holz. Der Zweig wird hier vollständig gesund.

V. = 1:1,7.

Figur 15.

a

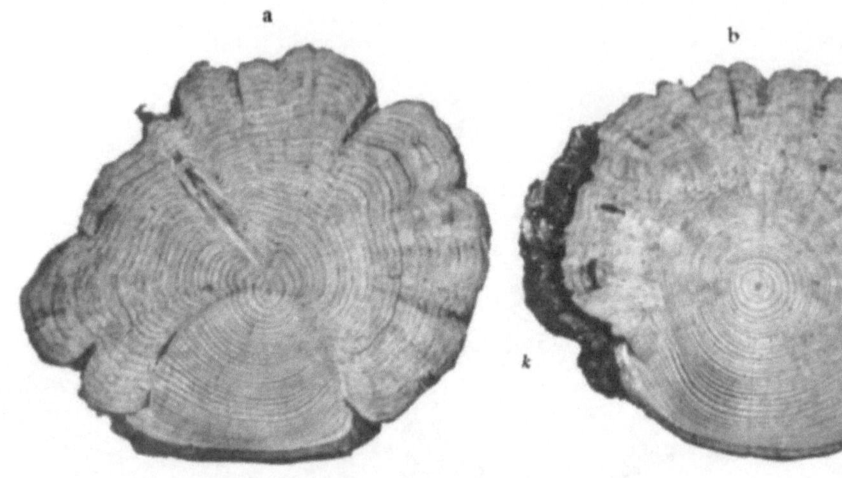

b

(Mittel-) Scheibe Nr. 6 aus dem Stammkrebs vom Weiherschlag (siehe Text Seite 35 oben). Scharfe elliptische Grenze zwischen dem gesunden und kranken Holz.

V. — 1:3.

Scheibe Nr. 9 aus demselben Krebs, dem Krebsmittelpunkt zugekehrt, zeigt neben der gesunden Rinde bei g auch die verdickte Krebsrinde bei k, welche vom Krebsholz bereits durch einen Zwischenraum fast ganz getrennt ist, in welchen sich eine Ueberwallungsleiste einschiebt.

V. — 1:3.

Figur 15.

c

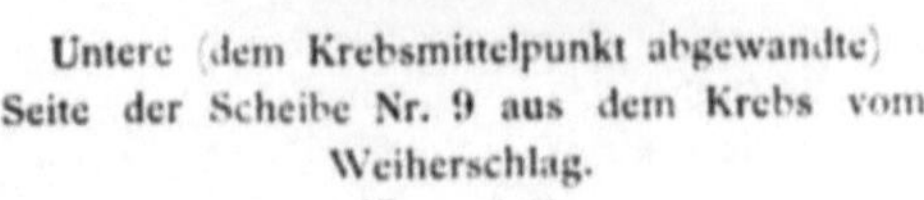

Untere (dem Krebsmittelpunkt abgewandte) Seite der Scheibe Nr. 9 aus dem Krebs vom Weiherschlag.

V. — 1:3.

Figur 16.

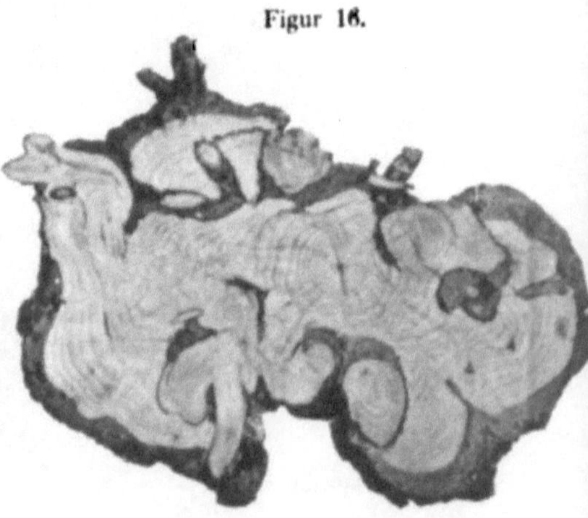

Querschnitt durch einen Stammkrebs mit eingewachsenem Hexenbesen aus Lindenwald. Die Scheibe ist 4 cm über dem Krebsanfang ausgeschnitten, der in 10jährigem Alter der Stammachse an einem Quirl erfolgte.

V. — 1:3.

Figur 17.

Beginn der Krankheit

1 Jahrring von der Markröhre entfernt.	5 Jahrringe von der Markröhre entfernt.	5 Jahrringe von der Markröhre entfernt.

Umfassung des Stammes nach

5 Jahren	6 Jahren	9 Jahren

Alter der ausgeschnittenen Stammscheibe

33 Jahr	44 Jahr	38 Jahr

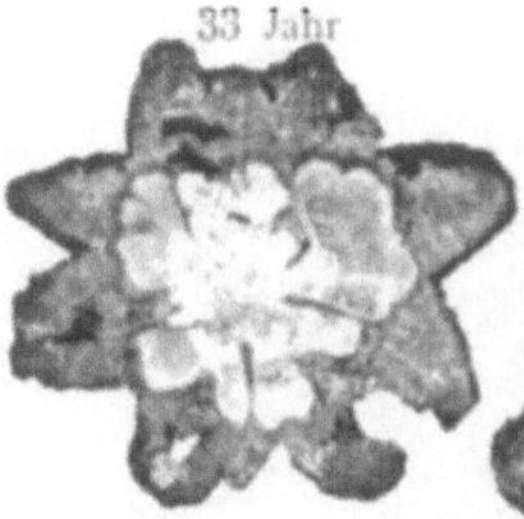

a
Alter des Stammes: 59 J. Höhe des Krebses über dem Boden 5 m.
V. — *1:4,6.*

b
Alter des Stammes: 48 Jahre. Höhe des Krebses über dem Boden 0,5 m.
V. — *1:4,6.*

c
Alter des Stammes: 58 Jahre. Höhe des Krebses über dem Boden 2,4 m. *V.* — *1:4,6.*

Mittelschnitte durch Stammkrebse vom Buchrain (Bodelshausen).

Figur 18a.

Bei R völlig eingewachsene Rinde.

Mittelscheibe aus einem 1 m über dem Boden befindlichen Krebs an einer 94 Jahre alten, 32 m hohen Tanne im Kirchengemeindewald von Oberwälden (Lias α) bei Göppingen. Die Ansteckung erfolgte durch Einwachsen eines Astkrebses, als die obige (72jährige) Scheibe 7jährig war. Zur Umfassung brauchte der Krebs nur 6 Jahre.

V. 1:5,8.

Figur 18 b.

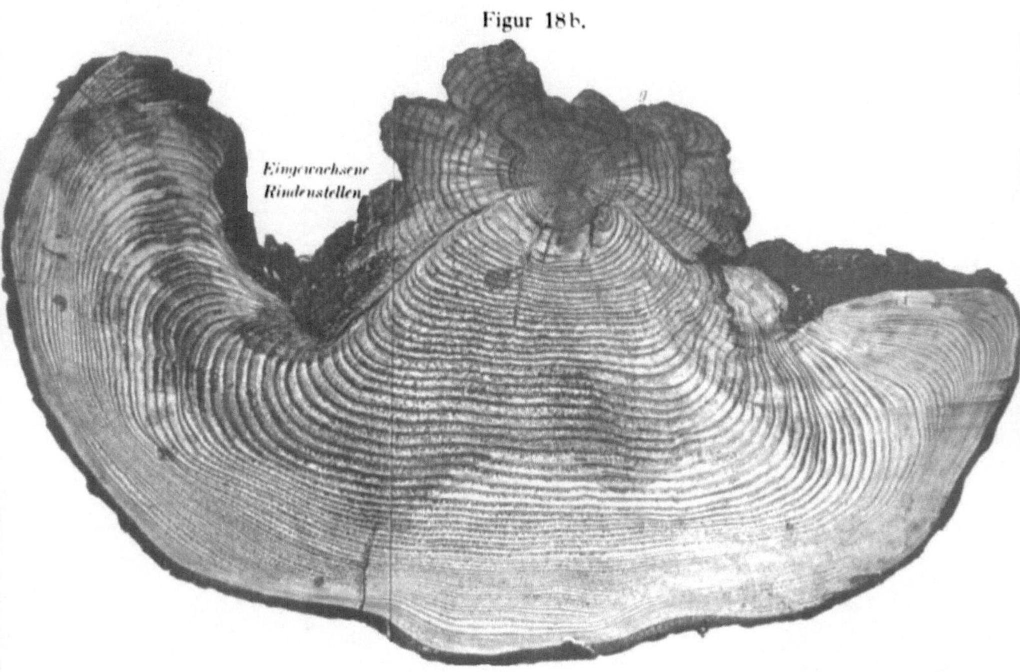

Krebsmittelscheibe aus dem Staatswald Lachenhau des Reviers Adelberg von einem 31 m hohen, 90jährigen Stamm. Der Krebs entstand an dem Doppelgipfel g, $^1/_2$ m über dem Boden, an der 7jährigen Achse. Schon nach 8 Jahren umfasste der Krebs $^2/_3$ des ganzen Stammes; dann bildete sich eine scharfe Grenze auf der linken, eine weniger scharfe auf der rechten Seite, welche der Pilz nicht zu überschreiten vermochte. Vom 38. Jahr (der 86jährigen Scheibe) an entstehen Ueberwallungsversuche.

V. — 1:5,0.

Figur 23.

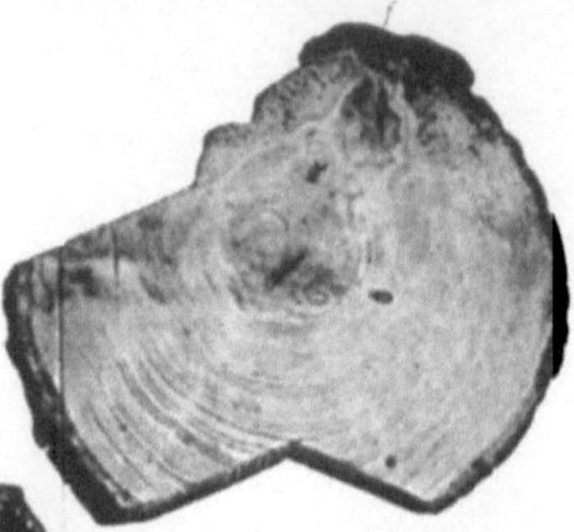

3.
70 und 73 Jahrringe
Zwiesel), 1 m über dem
Boden.

1.
9 Jahrringe; 16,5 m über dem Boden.

2.
82 Jahrringe; 3 m über dem
Boden.

V. 1:4,6. V. 1:4,6.

Durch Polyporus fulvus ergriffene anbrüchige Scheiben aus der Mitte von Stammkrebsen: 1. aus ttelbül, 2. desgl., 3. aus Brenntenbuck. Bei 3/ ist der Fruchtträger von Polyporus fulvus sichtbar. e Ausschnitte bei a rühren davon her, dass hier Holz zur Untersuchung des specifischen Gewichts genommen wurde.

Figur 24a.

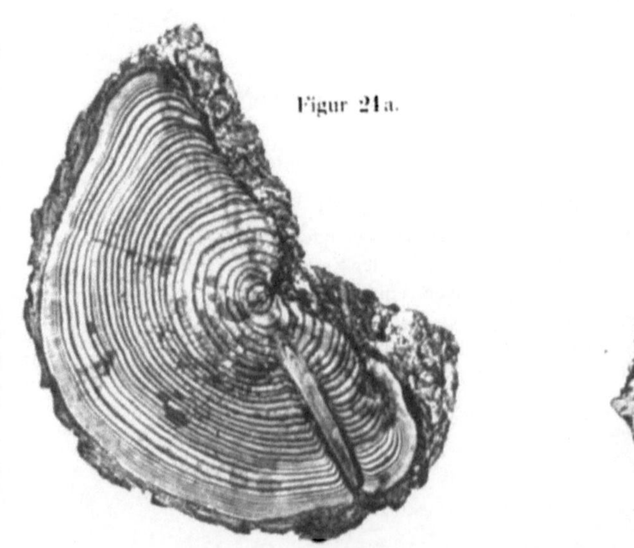

Lärchenkrebs aus dem Revier Aalen. (Peziza Willkommii sucht den Stamm nicht zu umfassen, sondern beschränkt sich auf einen halbmondförmigen Ausschnitt.)

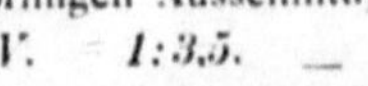

V. 1:3,5.

Figur 24b.

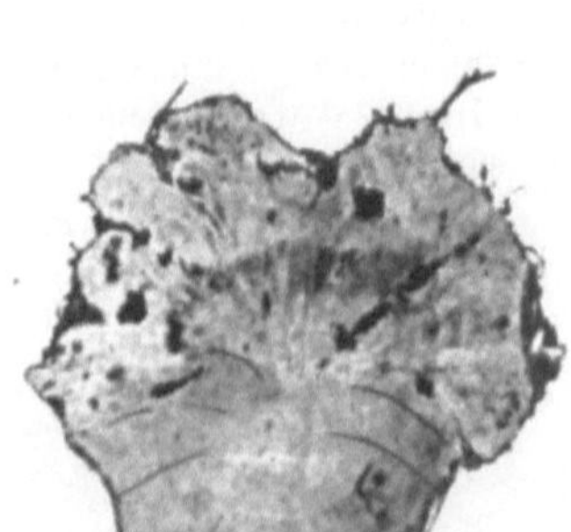

Hainbuchenkrebs aus dem Revier Altheim (Alb) mit zahlreichen eingewachsenen Rindestellen.

V. 1:3,5.

Figur 25.

Krebsbeule mit Hexenbesen an einer Hagelwunde vom 13. Juli 1889, aus dem Rammert. Die Krebsbeule ist jedoch, wie sich aus den Querschnitten durch h und k ergab, um ein Jahr älter, als die Wunde. Bei m fand ein theilweiser Längsschnitt behufs mikroskopischer Untersuchung statt.

V. = 1:1,2.

Figur 26.

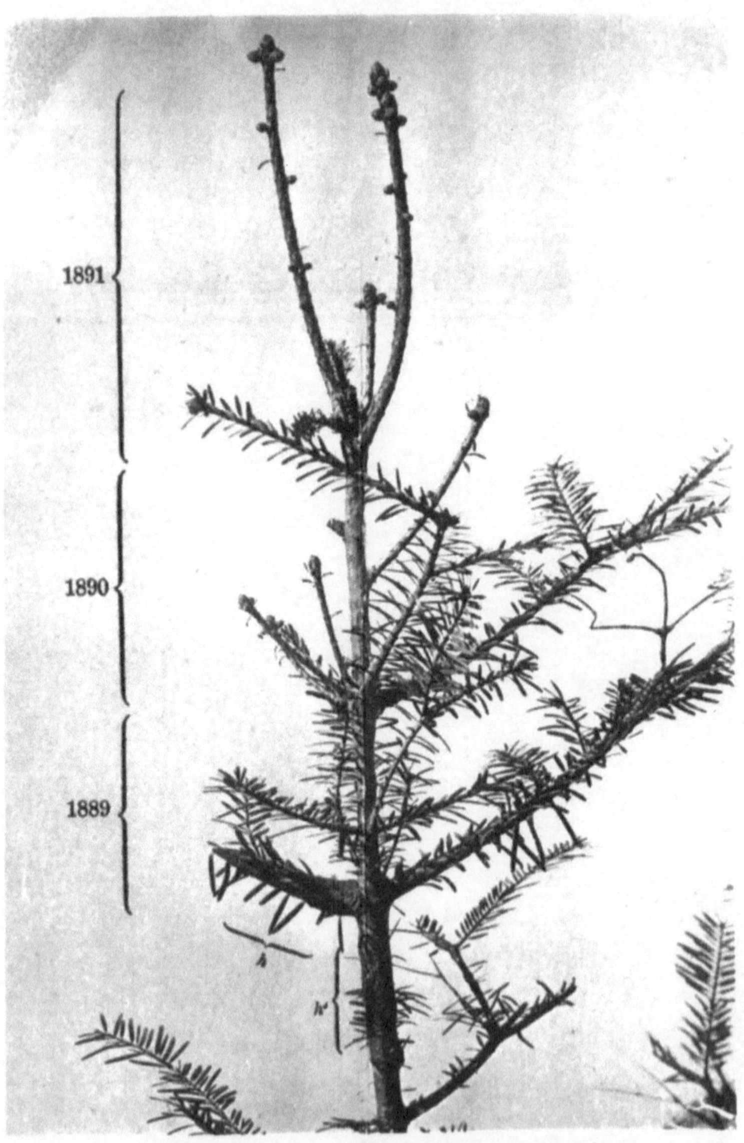

60 cm hohe, 13jährige Tanne mit Gipfelkrebs aus Rammert (Bodelshausen); bei h und h' überwallte Hagelwunden.

V. = *1:2,8.*

Figur 27.

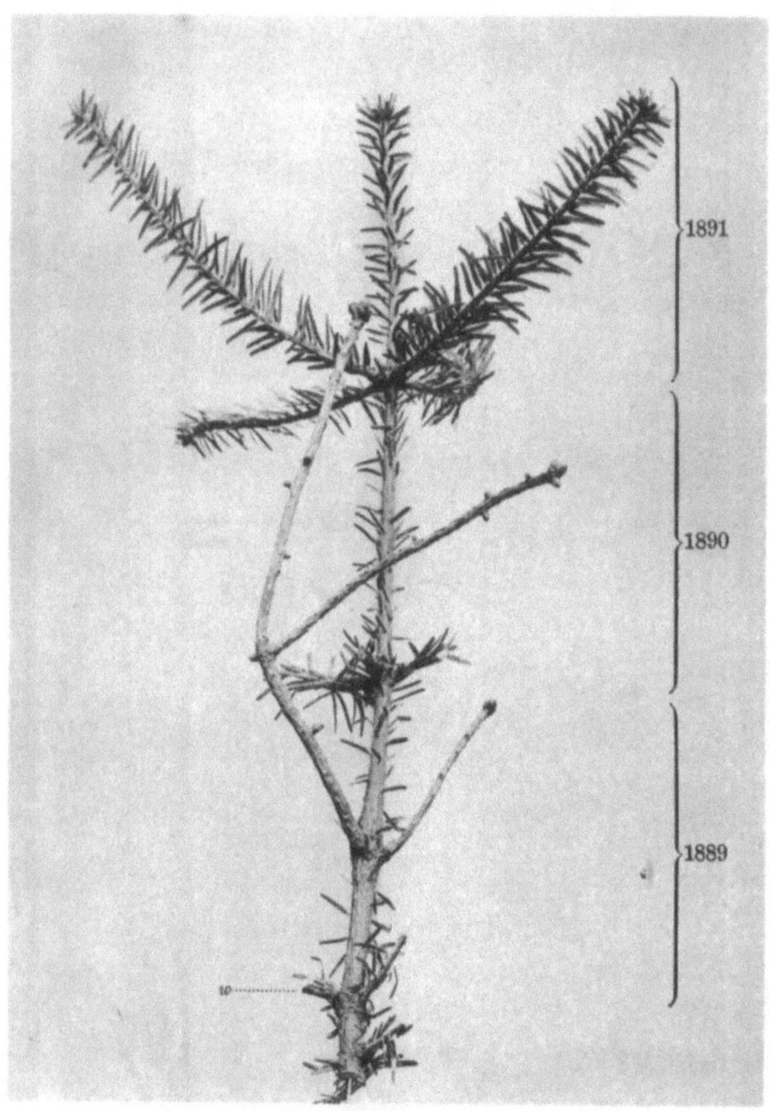

13jährige, 60 cm hohe Tanne mit 2jährigem Hexenbesen aus Grossholz. Die Wunde bei w ist erst einjährig. Die Ansiedlung des Krebses erfolgte 1889 in der Mitte des damaligen Gipfeltriebes.

V. = 1:3,2.

Figur 28.

1,8 m hohe, 20jährige Tanne aus dem Rammert; der über der 6jährigen Krebsbeule befindliche Ast zeigt mehrere Hagelwunden vom Jahre 1889. Krebsbeule k 0,6 m über dem Boden, nach Messung auf dem Längsschnitt noch 4 mm vom Schaft entfernt.

V. = 1:2.